听专家田间讲课

苹果生产
关键技术116问

吕德国　杜国栋　秦嗣军　杨　磊　编著

U0256327

中国农业出版社

图书在版编目（CIP）数据

苹果生产关键技术116问/吕德国等编著.—北京：中国农业出版社，2017.1（2017.4 重印）
（听专家田间讲课）
ISBN 978-7-109-22571-8

Ⅰ.①苹…　Ⅱ.①吕…　Ⅲ.①苹果-果树园艺-问题解答　Ⅳ.①S661.1-44

中国版本图书馆 CIP 数据核字(2017)第 001096 号

中国农业出版社出版
（北京市朝阳区麦子店街 18 号楼）
（邮政编码 100125）
责任编辑　黄　宇

中国农业出版社印刷厂印刷　　新华书店北京发行所发行
2017 年 1 月第 1 版　　2017 年 4 月北京第 2 次印刷

开本：787mm×1092mm　1/32　印张：4.75
字数：80 千字
定价：12.00 元
（凡本版图书出现印刷、装订错误，请向出版社发行部调换）

编著者：吕德国　杜国栋
　　　　秦嗣军　杨　磊
审　稿：刘国成
定　稿：吕德国

保障国家粮食安全和实现农业现代化，最终还是要靠农民掌握科学技术的能力和水平。为了提高我国农民的科技水平和生产技能，向农民讲解最基本、最实用、最可操作、最适合农民文化程度、最易于农民掌握的种植业科学知识和技术方法，解决农民在生产中遇到的技术难题，中国农业出版社编辑出版了这套"听专家田间讲课"丛书。

把课堂从教室搬到田间，不是我们的最终目的，我们只是想架起专家与农民之间知识和技术传播的桥梁；也许明天会有越来越多的我们的读者走进校园，在教室里聆听教授讲课，接受更系统、更专业的农业生产知识与技术，但是"田间课堂"所讲授的内容，可能会给读者留下些许有用的启示。因为，她更像是一张张贴在村口和地头的明白纸，让你一看就懂，一学就会。

本套丛书选取粮食作物、经济作物、蔬菜和果树等作物种类，一本书讲解一种作物或一种技能。作者站在生产者的角度，结合自己教学、培训和技术推广的实践经验，一方面针对农业生产的现实意义介绍高产栽培方法和标准化生产技术，另一方面考虑到农民种田收入不高的实际问题，提出提高生产效益的有效方法。同时，为了便于读者阅读和掌握书中讲解的内容，我们采取了两种出版形式，一种是图文对照的彩图版图书，另一种是以文字为主插图为辅的袖珍版口袋书，力求满足从事农业生产和一线技术推广的广大从业者多方面的需求。

期待更多的农民朋友走进我们的田间课堂。

2016 年 6 月

目 录
MU LU

出版说明

第三讲 │ 高质量建立果园 / 20

第四讲 | 良好的土肥水管理 / 34

第五讲　合理的树形及整形修剪　／ 74

第六讲　良好的花果管理　/ 94

第七讲 | 自然灾害和主要病虫害的
综合防控 / 118

第一讲
选择优良品种

1. 我国目前苹果品种状况如何？

品种的优劣直接关系到产业的竞争力。由于气候和历史的原因，我国目前苹果品种超过六成为富士系列，这种一枝独秀的品种格局在形成巨大市场的同时，也埋下了很大的风险，如一些病虫害的全国性流行、对特定市场的过度依赖等。近年来，苹果产业的科技工作者在继续加强国际引种的同时，国内的苹果育种工作也取得了很大的进展，一方面是在富士芽变选优方面取得了显著的成效，全国各富士主产区几乎都选出了当地的主打富士优系，这些优系在品质、栽培习性方面都有显著的优点，如烟富系列。同时，杂交育种方面成绩也很突出，以寒富、华冠等为代表的新品种得到了大面积推广应用。另外，郑州果树所选育的华硕在各试验点也有不俗的表现；而东北寒地小苹果产区也选育出了以龙丰为代表的优质抗寒小苹果，产业发展势头很盛。

2. 如何根据当地条件选择品种？

任何一个品种都有其局限性，没有放之四海而皆准的优良品种。具体到一个地区，在选择栽植什么品种时要综合考虑各方面的因素。如当地的气候资源，包括无霜期、生长期、日照时数、年有效积温、最冷月平均温度、绝对低温、降水量及分布特点；土壤与立地条件，包括土壤质地、土层厚度、土壤盐碱情况、坡度、坡向等；自然灾害的种类及发生特点，如晚霜、低温、降雪、干旱、大风、冰雹、涝害等。另外，还要考虑产品的出路问题、采后配套技术与设施水平，要在调查市场的情况下来确定发展什么品种。

3. 我国各主产区发展品种有何建议？

（1）东北寒地苹果产区　在吉林省南部、黑龙江省南部重点发展龙丰、金红、龙冠，内蒙古东南部以塞外红、沈农2号为主；黑龙江省东宁县、吉林省珲春市局部可以发展新苹、寒富等大果型苹果；内蒙古自治区东部和黑龙江省齐齐哈尔地区应保持黄太平的生产优势。

近年推出的部分新品种中，早熟品种龙红宜在吉林省吉林市以南、黑龙江省东南部的牡丹江、鸡西等地栽培；中熟品种紫香、晚熟品种秋露适宜黑龙江省中东部的佳木斯、绥化、哈尔滨等地栽培；晚熟品种塞外红适宜在内蒙古的东南部地区、吉林省南部、黑龙江省南部气候条件较好的地方栽培。

（2）渤海湾苹果产区 渤海湾为我国苹果的主要产区之一，也是栽培苹果最早的地区，目前该地区主要栽培富士系、嘎拉系品种，寒富则已经成为辽宁第一主栽品种。

根据国家现代苹果产业技术体系在山东、河北、北京、辽宁等省份的综合试验站评价，未来在渤海湾地区可重点推广以下品种：

早熟品种：华硕、岳艳、秦阳、丽嘎拉、金都红嘎拉、太平洋嘎拉、烟嘎3号、双阳红等。

中晚熟品种：凉香、蜜脆、岳阳红、新世

界、太平洋玫瑰、首富 1 号、新红将军、天汪 1
号、王林、红露、寒富等。

晚熟品种：烟富 3 号、烟富 10 号、烟富 8
号、美乐富士、2001 富士、望山红、宫藤富士、
天红 2 号、福丽、粉红女士、岳冠、瑞阳、瑞
雪、澳洲青苹等。

（3）黄河故道苹果产区 黄河故道苹果产区
主要包括河南开封以东、江苏徐州以西的黄河故
道及分布在故道两岸的河南、山东、安徽、江苏
4 个省的 10 多个县、区，主栽品种为富士系、
元帅系和嘎拉系。

黄河故道苹果产区可选择发展的新优品种主
要有：

早中熟品种：保持藤牧 1 号的优势，适当发
展华佳、华瑞、华硕等新品种。

中晚熟品种：以元帅系五代着色较好的品系
为主，弘前富士可作为中晚熟品种的主栽品种适
度发展。

晚熟品种：以富士系的烟富 3 号、烟富 6 号
为主。

（4）黄土高原苹果产区 目前，富士系、嘎

拉系、元帅系为黄土高原产区三大主栽品种，栽培面积约占本区域栽培总面积的 80% 以上。

通过区试观察和生产调研，目前在黄土高原苹果产区可选择发展的新优品种主要有：

早中熟品种：以秦阳、华硕、嘎拉优系品种为主，在北部产区可发展红盖露，南部产区可发展金世纪、丽嘎拉等品种。

中晚熟品种：以早熟富士优系、凉香、蜜脆、晋霞、秦红、中秋王等为主，适度发展千秋、新世界、澳洲青苹等品种。在北部产区，早熟富士优系、蜜脆、晋霞、凉香、千秋、中秋王等品种发展潜力较大；在南部产区，秦红、新世界、澳洲青苹等品种发展优势更为明显。

晚熟品种：除富士优系外，以粉红女士、瑞阳、瑞雪等品种为主，适度发展寒富、华红等抗寒品种。

元帅系品种：因集中产区仅限于甘肃天水（含陇南）和晋中（榆次）地区，可结合当地生态和栽培条件自主选择。

（5）新疆苹果产区 近年来，新疆苹果面积稳中有升，产量持续增长，优势区域更加明显，以烟富 6 号、长富 2 号等为代表的富士系列品种已成为南疆苹果的主栽品种，而作为北疆的伊犁河谷苹果品种富士系占 80%，首红、寒富、嘎拉、金冠、乔纳金等占 20%。

通过区试观察和生产调研，目前在新疆苹果产区可选择发展的新优品种主要有：

早中熟及中熟品种：为供应 7～8 月市场，早中熟品种以华硕为主；中熟品种以红盖露、美国 8 号品种为主。

中晚熟及晚熟品种：中晚熟品种以蜜脆、早熟富士优系、首红、西施红、晋霞、中秋王等为主，适度发展新世界等品种。晚熟品种除富士优系烟富 6 号、宫崎短枝富士、晋 18 短枝富士等为主，适度发展寒富、华红等抗寒品种。

（6）西南冷凉高地苹果产区　目前四川省、云南省和西藏自治区苹果主要栽培品种有红富士、金冠、嘎拉、红将军、红星等 20 余个品种，其中红富士系列品种占了 50% 左右。

通过近几年市场和栽培实践看，可优先发展华硕、嘎拉优系、2001 富士、红将军等品种，金冠、王林等一些绿黄色品种可继续保留一定的面积。

第二讲
选用优质苗木

4. 优质苗木的标准是什么？

苗木质量好坏直接关系到一次性建园质量，与树体前期的生长发育和能否早结果、早丰产关系极为密切，同时也关系到能否降低果园的管理成本。优质苗木包括以下几个方面：高度、粗度达标，芽眼饱满，树皮新鲜完整，根系发达、新鲜、舒展，根系组成合理，嫁接口愈合良好，全株没有病虫危害。近年来，随着矮化密植集约化果园的兴起，利用优质大苗建园的诸多优点逐渐被人们所认可和接受，培育优质大苗成为矮化密植集约化果园的关键技术环节。大苗的基本要求为高度 1.8 米以上，嫁接口上粗度 1.5 厘米以上，在中心干上有 10 个左右均匀分布的分枝，粗度 0.5 厘米以上的根 20 条以上，细根发达。

这样的大苗栽植后第二年即可结果，大大缩短了进入结果期的年限。

5. 自育苗木好还是采购苗木好？

如果条件允许，提倡自育苗木。自育苗木由于是在栽植地区相似的自然环境下进行，苗木风土适应性强，加之避免了长途运输、长期贮藏等环节，尤其大苗可降低分枝的损伤，栽植成活率高。但如果育苗技术不过关，成本会较高，苗木质量也难以保证，自育效果不理想。若采购苗木，一定要到有资质和信誉度高的育苗单位，同时尽量选择就近购苗。有检疫性病虫害的地区的苗木不能采用。冬季干燥、寒冷的地区建议秋末购苗，自行贮藏。外地购苗若条件允许，最好派人现场监督起苗、包装等过程，避免苗木在这些环节出现问题。

6. 目前我国应用的矮化砧木主要有哪些？

我国苹果生产中应用的矮化砧木类型很多，

目前，生产中大面积采用的有 M26、GM256 等矮化中间砧。近年来发展较多的是 M9T337 矮化自根砧。山西省农业科学院果树研究所选育的 SH 系列砧木在山西省、河北省、北京市等地也有应用。其中，M26 作为中间砧一度大面积应用，但因其矮化性一般，抗寒性略差，保存下来的园子主要分布在气候温和的地区。GM256 则是东北地区、华北北部冷凉地区用作寒富中间砧的优良矮化砧木。SH 系列砧木中则以 SH6、SH40 表现较佳。

在一个地区选择适宜的砧木时一定要综合考虑多方面的因素，除了砧木本身的矮化性、丰产性等生产性状外，更要考虑砧木的生态适应性。我国各苹果产区气候、土壤等条件差异很大，不可能有各地通用的砧木类型，一定要充分认识当地的限制因子，诸如低温、干旱、积涝、贫瘠、盐碱等，这些因子往往是果树栽培成败的制约因素。若选用实生砧作基砧，应该优先考虑当地或邻近地区自然分布的类型或过去生产上广泛应用的类型。引进的砧木一定要进行系统区试确保可用后再扩大应用范围，禁止跟风而上。

根据国家现代苹果产业技术体系区试和生产调研，M26 作为中间砧嫁接富士系品种，中间砧段 20～30 厘米且全部露出地面时，树体矮化，新梢生长量小、中短枝比例高。GM256 和 SH1 表现为半矮化，新梢生长量较大，总枝量较小，中短枝比例较低。SH6 和 SH40 表现为半矮化至半乔化，总枝量大，中短枝比例不高。基于上述结果，提出如下砧木应用建议：

① 黄土高原优势产区，海拔较低，且有灌溉条件果园建议采用 M26；而海拔较高或灌溉条件不足的果园，建议采用 SH1、SH6 及 SH40。当 SH 系砧木作中间砧时，中间砧段长度大于 30 厘米。

② 黄河故道优势产区及云贵川产区，建议采用 M26 作自根砧或中间砧；豫南和苏北地区可适当考虑 M9 及其优系作矮化自根砧。

③ 环渤海优势产区中，青岛、烟台地区果园可采用 M26 作自根砧或中间砧；北京、河北唐山、廊坊及以南地区、辽南、辽西及鲁西地区果园，可采用 SH6 或 SH40。作为矮化中间砧时，中间砧段长度应大于 30 厘米。

④ 东北和西北冷凉高地产区，辽宁中部、北部及河北北部、山西北部可采用 GM256 作自根砧或中间砧。

⑤ 新疆产区，可采用 SH1、SH6 及 SH40。当 SH 系砧木作中间砧时，中间砧段长度大于 30 厘米。

⑥ 对于甘肃、宁夏、陕北、晋北土壤 pH 偏高、土壤有效铁含量较低的产区可采用中砧 1 号作自根砧，以提高根系铁吸收能力，减轻树体缺铁黄化症状。

7. 如何简易鉴别苗木质量？

除了苗木规格有具体的要求以外，生产实际中如何快速、准确、简易地鉴别苗木质量也很重要。一般来讲，凡是整株新鲜、没有明显失水、霉变的苗木即为生活力旺盛的苗木。相对于地上部的粗壮高大，应该更注重根系的新鲜、发达，如果是秋天起苗贮藏越冬的，可以简单刮一下粗度 0.2 厘米左右根的表皮，若呈新鲜白色，则为贮藏良好的苗子。如果刮开根皮后显得干涩，甚至发黄、发褐，则为贮藏期间根系失水、伤热，这样的苗子栽植成活率很低。地上部则要求枝皮新鲜、不破皮，节间短，芽眼饱满，枝皮上皮孔多而密集，皮色深，这样的苗子枝条成熟度高，不是大肥大水催出来的虚旺苗。如果为留地越冬、春季起苗的苗子，根系一般不会有问题，但要检查嫁接口是否有褐变、嫁接口以上的品种枝条是否新鲜、有无日烧，梢端髓部有无冻害变褐等状况。

8. 苗圃地有何要求？

为了保证苗木健壮生长，苗圃地应当尽量选择条件优越的地块。若地块条件较差，应视具体情况加以改良后再用作苗圃。在选择苗圃地的过程中，应注意以下几个方面的问题：

（1）**地点** 苗圃最好设在需苗中心地区，这样可以减少运费，减少运输途中对苗木损害，苗木对当地风土条件适应性也强。最好选用生茬地作苗圃，避免重茬障碍导致苗木生长不良，病害多。要远离污染源，以免影响苹果苗木长势。大型育苗基地要自建品种采穗圃和砧木采穗、采种圃，以保障接穗的质量和及时供应，也可防止病虫害的传播。

（2）**地势**　苗圃应选在背风向阳，光照条件好，平地或稍有坡度，且适合机械作业的地块为宜。地下水位应在地面 1.5 米以下，且比较稳定，受降水影响较小。

（3）**土质**　苗圃用地以沙壤土到轻黏壤为宜。土壤水、肥、气、热易协调且优良，适于微生物活动，对种子发芽、苗木生长都是有利的。土壤较疏松，起苗省劲，伤根少，尤其细根保留好；过于肥沃的土壤若用作苗圃地，苗木易徒长，根系发育深广，在后期要适当控制水肥，促进枝梢成熟；黏重土、沙土、盐碱土必须先进行改良，大量增施有机肥后才能用作苗圃地。

（4）**排灌条件**　苗圃一定要有灌水条件，良好的水分供应是种子萌芽、插条生根的保证，幼苗由于根少而浅，抗旱力差，因此也要求有充足的水分供应。干旱也会影响嫁接成活率。在苗木生长期间除了土壤适宜的水分供应外，最好保持空气湿润，过于干燥的天气条件下，苗木生长缓慢。在苗圃地增加空气湿度的有效方式是按一定密度架设喷灌设施。到生长季后期，尤其苗木已接近停长时要保持稍微干燥，促进枝梢成熟。

地下水位高、土壤黏重、易积水地块，必须挖好排水沟或修台田后再作为苗圃地，防止暴雨造成圃地积水，影响苗木生长。

（5）**病虫害** 苗木繁育过程中的病虫害防治也是重要的技术环节，直接关系到苗木生长发育水平和成苗率。病虫害严重地区，尤其幼苗期危害较重的立枯病、白粉病、蛴螬、蚜虫、卷叶蛾、食叶类毛虫等必须及时防治。有检疫对象的地区苗木不得外运。苗圃地要远离老果园，以防止主要病虫害的传播。

9. **如何培育优质大苗？**

首先要选择适应性强、与品种嫁接亲和性好的砧木，不论实生砧还是自根砧，都要求预先培养一年，保证砧木有发达的根系。然后，再嫁接品种，提倡枝接，利于苗木旺盛生长。接穗萌发后保留一个旺盛的新梢，及时设立支棍进行绑缚，防止大风吹到、吹折。苗高度达到 70 厘米时开始通过剪叶、喷施药剂等措施促发副梢，连续处理 3 次，保证发出 10 个左右副梢，到秋季起苗时副梢长度达到 30～40 厘米。

在培育优质大苗时，一定要改变传统的"快苗"思想，尤其要注重砧木的培育。砧木苗要专门繁殖、培育，起出后够规格的嫁接品种后再栽植培育，期间促发副梢分枝。

10. 如何培育易带土坨的大苗？

我国北方苹果产区春季降水稀少、风大、空气湿度小，大苗栽植成活率难以保证，尤其采取常规育苗方式，甚至育苗期间未经移栽、未经断根的坐地苗，直根多、细根少，起苗后裸根栽植，成活率低，缓苗慢，没有收到大苗建园应有的效果。而且，大量的容器育苗成本高，难以普遍推行。

近年来，笔者团队在试验过程中，采取了添加草炭培育大苗的方式，提高了大苗移栽成活率，效果明显。

具体做法十分简单：在苗木第一次移栽时，每株苗下面先放进去一、二铁锹的草炭，充分利用草炭良好的保水性和丰富的纤维成分，根系形成密结的网状结构，保证根系可以良好地生长，并发大量细根，经过 1 个生长季，即可形成一个大约 30 厘米直径根系密结的土坨，土坨外虽然也会有部分强旺根生长，但起苗时可以切断，土坨内良好的细根即可保证移栽成活，且苗木成活后缓苗很快。实践证明，采用这种方式培育的大苗，移栽成活率几乎 100%，且长距离运输也会保证成活。

11. **如何起苗?**

（1）**起苗时期**　起苗时期以气候条件大致分为两个时期，即春天和秋天起苗。

春天起苗：春天起苗一般在土壤解冻后至萌芽前进行。在苗能露地越冬，且苗量小，不用长途运输和劳力比较充足的情况下，可以春天起苗，这样可以减少假植工序，且随起随栽成活率高。

秋天起苗：不具备上述条件的情况下在秋天起苗。秋季起苗在新梢停长并已木质化，顶芽已形成并开始落叶时进行，不可过早。部分未脱落的叶片在起苗前要进行人工脱叶。

（2）**起苗方法** 大型专业化苗圃主要采用机械起苗，可以保证苗木根系保存良好，工效亦高。小型的苗圃目前主要依靠人工进行起苗。一般用铁锹起苗即可，用铁锹在苗两侧 20 厘米外斜向下铲，铲断根系，再用手将苗提出，抖掉土，不可硬拽，以免撕裂大根。

土壤太干时，先灌水，稍晾干后再起，以免伤根太多。苗木随起随分级、归堆，并及时盖上草帘等保护根系，不要长时间晾晒，以免失水。苗木品种较多时及时做好品种、级别和砧木类型标识，避免混杂。

12. 如何贮存苗木？

苗木不能及时外运或定植时，一定要进行假植。根据苗木假植时间长短可分为短期假植（如春季起苗）和假植越冬（如秋季起苗）。

（1）**短期假植** 可选地下水位低的地块，挖40厘米深的沟，苗解捆后放入，散开，埋土或清洁河沙，浇透水即可。

（2）**假植越冬** 选地势高燥、平坦、避风的地方挖沟假植，沟深50厘米，宽100厘米，南北向延长，苗向南倾斜放以减少受光量。根部以湿河沙土填充，土壤干燥的要浇水。培土高达苗高的1/3，严寒地区达整形带以上（70厘米以上）。苗要解捆，以免根系不能与土接触，造成捂根或风干。假植沟上起15～20厘米高的垄，以免沟内积水。冬季风大地区要加设风障，或用草帘、玉米秸秆等盖住，以减少越冬期间失水。

假植过程中要经常检查，防鼠害。

（3）**冷库贮存** 有条件的情况下，冷库贮苗越冬最理想，可以延晚栽植，保证成活。

苗木起出后用清水冲洗干净根部泥土，消毒后装筐，根系朝外，码垛即可。

冷库贮藏苗子温度容易控制，设定在−1℃即可。关键要保证空气湿度达到100%，要有定时喷雾装置。期间要定期检查，严防失水。

13. 容器育苗有何优点？

我国绝大多数的苹果产区都是春季干旱、少雨、多风，苗木定植后成活率较低，是生产上果园整齐度不高的重要原因之一。

借助各类容器培育容器苗，可以保证栽植后不用缓苗，植株生长发育好。栽植前还可以再对苗木进行一次分级，保证栽植后植株整齐度高。而且，栽植时间受限制小，整个生长季几乎都可以栽植，避免了春季短时间内大量栽植。

育苗用的容器可以有多种选择，最简单的就是营养钵。育苗用的基质要专门配制，不可用常规的园土。要保证基质疏松、通透，保水保肥强，养分富足，保证苗木良好生长。同时，一定要消灭草籽，否则苗木生长期间除草工作量很大，也因容器空间有限，草和苗子竞争养分、水分，苗木生长不好。

第三讲
高质量建立果园

14. 苹果园对立地条件和土壤条件有何要求？

建立苹果园最适宜的立地条件是低缓丘陵山坡地，这类地区温、光、水、气等自然条件容易协调，苹果植株生长发育良好，果实品质优良，如我国著名的两个苹果产区辽东半岛、山东半岛即是低缓丘陵地为主的果园。

丰产苹果园要求具有一定厚度的活土层，一般要求厚度 60～80 厘米，地下水位保持在 1～1.5 米以下。土层过浅，根系所处的空间有限，水肥温度等条件不稳定，影响植株生长。土壤质地要疏松，砾石度在 20% 左右，通气透水性好，不易积水成涝，水气关系协调。土壤有 30% 的物理性黏粒来保存养分，保水、保肥力和供水、供肥力强，水分、养分的供应适宜而稳定。土壤有机质含量高，养分富足，团粒结构好，尤其水稳性大的团粒多。"一盘散沙"的沙土地、"雨后一团泥浆，干后一块硬板"的黏土地不能满足丰产果园的要求。

总之，苹果最适于土层深厚，排水通气良好，土质肥沃，微酸性到中性的低缓丘陵地生长。

15. 果园小区如何规划？

果园小区又叫作业区，是果园的基本生产单位，合理的果园小区规划有利于将来的田间作业。

(1) 划分果园小区的依据 同一小区内气候及土壤条件基本一致，以保证管理技术内容一致；山地、丘陵、小区的划分应有利于水土保持工程的实施，以防止水土流失；小区划分应有利于防风、防霜；有利于运输及机械作业。另外，还要注意生产部和管理部等附属设施的合理配置。

(2) 果园小区的面积 在平地，气候土壤条件较一致，每个小区可以 120～180 亩*；在地形复杂、气候土壤条件差异大的地区，小区面积不宜太大，可以控制在 15～30 亩。

小区面积过大，管理不便；小区面积过小，不利于统一经营管理，不利于采用机械化；非生产性用地面积增大，造成土地浪费。

(3) **小区的形状** 平地、地形较缓和的丘陵地等，小区可以采取较为规整的长方形；山地或地形较复杂的丘陵地，小区形状可不拘一格，小区边界可沿分水岭和排水沟为界。布设小区时结合各作业道设置，以方便作业为前提；采用滴灌、渗灌、喷灌等方式给水时，小区形状还应与管道铺设相结合统一考虑。

(4) **果园道路系统的规划** 果园主道宽 6～8 米，可通行大型车辆，硬化路面；支道宽 4～6 米，可通行中型运输车辆，沙石路面；作业道宽 1～3 米，可通行农用车辆，普通土质路面即可。道路两侧要有排水沟，避免道路积水，影响雨后

---

* 亩为非法定计量单位，1 亩约为 667 米^2。余同。——编者注

急需的打药作业。要尤为重视山地丘陵果园道路及内侧排水沟的规划，要求道路适当向内倾斜，排水沟排涝通畅，以免造成水土流失和塌方。

16. 如何整地？

建立苹果园的地块要求地形相对平整，没有大的石块、树根、硬质的杂草等杂物，可以先进行简单平整后，每亩施入 3 米^3 有机肥，旋耕、耙平即可。一般的缓坡不再提倡修筑梯田，可以随坡就势，做到地面平缓即可，利于保持水分和机械作业。

地下水位较高的地块要挖好排水沟，平原地区实行台田制栽植。

土壤较贫瘠的地块要重视增施有机物料以改善土壤结构、补充土壤肥力，提高土壤"稳定性"，以局部改良为主，逐渐实现全园改良。

17. 定植穴（沟）如何挖掘与回填？

定植穴（沟）最好秋天挖掘回填，灌水沉

实，开春栽植。禁止秋季挖掘后敞口晾一冬天，造成穴（沟）失水，栽树成活率不高。

密度较小时挖定植穴，长、宽、深均为80～100厘米。密度较大时挖定植沟，宽、深均80～100厘米。定植穴（沟）挖掘时表土与心土分开放，回填要求定植穴（沟）下层填入混有作物秸秆、生物炭肥等粗大有机物料的表土，厚度20厘米，起到通透、隔离盐碱、保持肥水的作用；中层填入与腐熟土杂肥均匀混合的表土，为幼树期根系生长发育的主要空间；上层20厘米填入混有充分腐熟土杂肥或精肥的表土，保证成活后迅速缓苗。心土撒开风化。

18. 如何确定植株合理的栽植密度？

合理的植株栽植密度与早期产量及将来的管理工效有密切关系。在确定栽植密度时，砧穗组合是决定栽植密度最关键的因素之一。凡是生长强旺的砧木、品种，栽植密度宜小；反之，矮化砧木、短枝型或矮化的品种，栽植密度可以大些。

按照我国目前的苹果栽培水平，生产上可以见到的栽植密度很多，株行距从 0.75 米×1.5 米到 3 米×5 米的均可看到。一般而言，矮化自根砧苗木每亩栽植 148～296 株，矮化中间砧、半矮化自根砧苗木每亩栽植 81～133 株，半矮化中间砧苗木每亩栽植 59～74 株为宜。

19. 实际建园中如何确定苗木栽植方式、行向？

平坦地块建园一般采用南北行向，利于植株采光和通风。丘陵地或山地可以沿等高线栽，坡度较小、可以较容易行走的坡地也可沿经线纵向栽植，利于作业。

株距小于 2 米的应挖定植沟，既可采用人工挖掘，也可应用各类挖沟机械。坡度较大的地块沿等高线挖鱼鳞坑或撩壕栽植。

20. 什么是宽行密植？有什么优点？

不论采用哪个密度，栽植时行距宜大，即为

宽行密植，一般行距不宜小于3米。正如果树栽培的俗语所说"不怕行里密，就怕密了行"，宽行密植利于果园通风与采光，也有利于机械作业，是现代果园提倡的栽植方式。

21. 何时定植苗木适宜？

不同的地区由于气候条件差异悬殊，何时栽树好不能一概而论，应根据当地的实际情况确定栽植时期。一般而言，我国绝大多数的苹果产区适宜春季栽植，开春后越冬草开始返青，为适宜的栽树时期，此时地温已经开始回升，栽植后可以较快发生新根，保证成活。如果有冷库条件，可以较好地贮藏苗木，适当晚栽，成活更好，裸根大苗栽植尤其如此。在冬无严寒、气候湿润的地区，也可以秋季栽植，秋季栽植时间较充裕，可在初霜后至上冻前进行，秋栽一定要踏实回填土、灌足水。如果是容器育苗，则不受严格的时间限制，但最好是春季至夏初栽植，利于根系在雨季下扎，促进植株生长。

22. 苗木定植前要做什么预处理成活率高？

定植前一定要反复认真核对品种、数量，并将苗木进行分级，一般而言，最好分成大中小 3 类，栽植时每一类栽植在一起，不要混级栽植，以免将来成园后不整齐。

栽植前浸水 12～24 小时，要将整株没入洁净清水中，让苗木全身吸足水分，不要只浸泡根系。

栽植时剪根，将粗度 0.5 厘米以上的粗根进行修剪，剪去先端起苗时的毛茬端，先端已经褐变的要剪至露出新鲜健康的白茬，机械损伤的根段要剪除，以免感染土传病菌。剪根利于在剪口处促发强旺新根，缓苗后植株生长好。

23. 为什么有些新栽的苗子迟迟不萌芽，但又不死？

实际建园过程中经常会发现，有些苗子栽植

后迟迟不发芽,但枝条是新鲜柔软的,并没有死,而且这样的情况往往出现在十分粗壮的苗子中。造成这种情况的主要原因是苗子本身的问题,这样的苗子往往是育苗期间没有经过移栽或断根,根系下扎深,分枝少,是明显的"胡萝卜根",起苗时断根重,栽植后由于细根少,萌发新根少而晚,造成地上部迟迟不发芽。进入雨季后,高温多湿的天气会促进这类苗子粗根发生新根,地上部萌芽后生长很快,到秋季基本可以赶上普通苗子,只是新梢成熟度略差,应注意保护越冬。

24. 苹果必须配授粉树吗?

我国目前栽培的绝大多数苹果品种自花授粉不能坐果,只有寒富等少数几个品种可以自花结实,因此必须配置授粉树。实际上,即便是寒富等可以自花结实的品种,由于自花花粉发芽晚及花粉管生长慢,单一品种建园时也会因授粉不充分导致坐果率较低、果形不周正,配置授粉树后可以显著提高坐果率,改善果实外观品质。

如果能够进行人工授粉，也可以不配授粉树，栽植单一品种。但要保证每年有稳定、质量好的花粉来源。

25. 授粉树有哪些要求？ 种类有哪些？ 如何配置授粉树？

（1）**授粉树应具备的条件** 授粉树要与主栽品种同时开花，花粉量大，生活力强；与主栽品种同时进入结果期，年年开花，寿命长；与主栽品种授粉亲和力强，对果实有良好花粉直感作用。

主栽品种为三倍体品种时，如乔纳金，需配2个授粉品种，以互相授粉。

（2）**授粉树的种类** 授粉树既可选择其他优良品种，也可选择专用授粉品种。若为其他优良品种作为授粉树时，应可以与主栽品种相互授粉。密植果园提倡配置专门的授粉品种，亦可用多花海棠作为苹果园授粉树，实践证明授粉效果良好。

（3）**配置方式** 稀植果园采用中心式配置，

主栽品种与授粉品种按照 8：1 的比例，将授粉品种栽在中心。密植园采用行列式配置，按照（3～4）：1 的比例成行栽植，与梯田等高栽植的情况类似。若用专用授粉品种，则采用中心式，每行把头栽植，行较长时株间加植，并可以结合果园美化、防风林等在果园四周栽植多花海棠，授粉效果良好。

26. 配置专用授粉树的优点有哪些？

配置专用授粉树是苹果生产发达国家和地区较为普遍采用的方式，尤其集约化的密植果园，配置专用授粉树后果园整齐度高，更利于机械化作业。而且，专用授粉树适应性强，强旺枝极易成花，花量大，没有大小年，花粉多，花粉萌芽率高，对主栽品种授粉效果好，果实品质好。另外，不需特殊管理，省时省工。

27. 专用授粉树如何整形修剪？

苹果园专用授粉树树形要求细长、较高，尽

量少占据果园空间。

苗木栽植后 70 厘米定干，当年保留最上一个强旺枝直立生长，侧生新梢 30 厘米长时摘心促发分枝，连摘 2 次，目的是促进树长高。第二年中心干延长头留 60～80 厘米打头，侧生枝花后重剪，每个侧生枝仅留基部 1～2 个刚发出来的新梢重剪，任其生长，不再摘心。7、8 月疏除过于强旺的侧生新梢。第三年树高达到 3 米以上，花后将所有分枝留基部 2 个芽（实际已经萌发为短新梢）重剪，任其生长，不再摘心；中心干留至 3 米高修剪。7、8 月疏除过于强旺的侧生新梢。之后重复上年工作。

28. 如何栽植苗木？

如果是已经提前施肥、挖掘回填并灌水沉实好的定植穴（沟），按规划好的株行距用铁锹挖小坑栽植即可，回填土要踩实，苗木的嫁接口与地面相平。采用矮化中间砧的苗木第一个嫁接口埋入地面以下 5～10 厘米。

若为没有回填的定植穴（沟）或现挖现栽，

则遵循"三埋两踩一提溜"的原则，即回填的土分3次填入，第一次先在穴（沟）底放入口肥，每株50克左右复合肥即可，不可过多，以免烧根，填入1/3左右的土，盖住口肥，不让根系直接接触肥料，放入苗木，使根系舒展；再填入1/3左右的土，提一下苗，踩实；填入剩下的土，踩实。做出水盘以便浇水，水盘做成周围略高中间略低的浅盘形。

29. 苗木栽植后如何管理?

苗木定植后要及时灌水，一般每株苗木灌水2桶（30千克）以上，3天后划锄树盘，使疏松透气，并避免出现裂缝失水。1周后再补灌1次，土面略干爽后划锄，覆盖地膜，地膜四周用土封严，膜上不压土，保持干净，地膜面积至少1米^2，提温保墒，促进发根，有利于成活。之后，只要不是特别干旱，一般不用再灌水。

没有越冬农作物的地区，苗木萌芽后嫩芽易受大灰象甲、金龟子等啃食危害，应在定植后随即定干，套直径5厘米的塑料薄膜套保护，萌芽后展叶前撕开膜套通气，3～4 天后去除膜套，防止高温伤叶。也可用菠菜、小白菜等嫩叶，拌上杀虫剂撒在根颈周围毒杀害虫。

苗木成活后等新梢生长到 30 厘米左右时每株追施全元素复合肥 50～100 克，在树两侧 50 厘米处挖小坑撒匀施入，灌 1 次水。生长季及时抹除砧木（包括中间砧）上发出的芽，生长过于强旺的竞争枝可以摘心控制。

第四讲
良好的土肥水管理

30. 现代果园土壤管理主要包括哪些内容?

现代果园土壤管理主要包括生草、覆盖两部分,针对不同的地块,采取相应的技术措施。在传统的清耕制的土壤管理技术体系下,通过在生长季节反复多次的除草、中耕,灭除除果树以外的所有其他植物(一概归为"杂草"),这样的果园是单一物种的生态系统,是不稳定的,需要人为地经常性地进行管理,诸如施肥、浇水、打药等,来维持生态系统的稳定性。因此,清耕制果园中的果树经常处在一种障碍频发的状态下,典型的表现就是经常会出现叶片的早衰。实行以生草、覆盖制为代表的现代果园管理制度,就是要重建果园生态系统,在最大限度上使之接近森林系统。这样的系统物种多样化，系统的稳定性高。

当然，果园毕竟是人工建立的以经济生产为目的的农业生态系统，不可能完全与自然的生态系统一样。每年采收大量的果实，加之修剪下来的枝条，甚至有的园子将落叶也清扫出果园，果园生态系统的物质收支是不平衡的，因此就需要人为添加，需要施肥、灌水，以补充损失。而且，实行生草制以后，果园生态系统组成成分复杂，人工添加的水、肥等物质不是简单地供应果树，而是供应整个系统，可以很大程度上依靠系统物种多样性，缓和短时间内大量供应肥水带来的冗余吸收，避免果树在施肥、灌水后的旺长；同时，在短时间内没有供给肥水时，也可由系统供应，不会出现断肥。实际上，施入的肥料先在草中贮存下来，并转化为有机态，之后随着草根系的更新死亡又释放到土壤中去，并随着草根系的下扎生长，送到深层土中。因此，实行生草制的果园，土壤中的养分会分布得比较均匀，这一点在像钙、磷等较难移动的元素上表现尤其突出，生草后很少出现缺素症就是个明显的例子。而果园地表的覆盖则可以在很大程度上给根系提供一个稳定的环境，减轻土壤温度、水分剧烈变化，避免根系功能的大起大落。

31. 为什么土壤有机质很重要?

土壤有机质是土壤中一类组成多样、结构复杂的具有生物活性特征的大分子有机物，是土壤长期发育过程中经过复杂的物理、化学过程形成的稳定态物质，是支撑土壤生物过程的骨架。因此，苹果园土壤有机质直接关系到土壤肥力的维持、根系功能的发挥。有机质所起到的缓冲作用保证了土壤在养分、水分收入与支出不稳定的情况下，还可以较为平稳地向果树供应养分，从而保证树体的顺利生长发育。

生产实际中不难发现，凡是土壤有机质含量高的果园，树体发育均十分健壮，病虫害也少，即便管理相对比较粗放，产量也不会很差，果实品质优良，耐贮性也好。而土层浅薄、有机质含量低的沙土地，要想获得好的产量和优质的果品，就需要十分精细的管理，有时甚至短时间内的缺肥、缺水都会造成严重的后果，病虫害也经常发生，且不易防治。出现这种差别的根本原因就是有机质的缓冲作用保证了细根活性和功能的稳定。

32. 果园为何要采用生草覆盖制度?

果园土壤实行生草覆盖制以后,从多个方面改变了土壤的特征,使之更接近于森林土壤。包括增加土壤有机质含量,提高土壤缓冲性能;改善土壤结构,增加水稳性团粒数量(尤其大团粒);提高土壤养分的生物有效性(促进土壤养分循环、转化);稳定土壤环境温度;稳定土壤水分条件(防止蒸发、减少径流、拦蓄降雪);增加土壤微生物数量(丰富种群数量、协调种群结构);增加土壤原生动物数量(蚯蚓、蠕虫等);增加果园天敌数量(捕食螨、草蛉、瓢虫、食蚜蝇、蜻蜓等);省去除草用工。

上述优点几乎无一例外稳定地、可持续地促进树体生长发育。

33. 如何实行生草覆盖?

根据我国苹果园土壤管理现状,采用"行内

清耕或覆盖、行间自然生草（＋人工补种）＋人工刈割管理"的模式，行内（垄台）保持清耕或覆盖园艺地布、作物秸秆等物料，行间其余地面生草。

提倡自然生草，事先对行间土地进行平整、旋耕、耙平，有条件的地块事先施入土杂肥。整地后让自然杂草自由萌发生长，适时拔除（或刈割）豚草、苋菜、藜、苘麻、葎草等高大恶性草。自然生草不能形成完整草被的地块需人工补种，增加草群体数量。人工补种可以种植商业草种，也可种植当地习见单子叶乡土草（如马唐、稗、光头稗、狗尾草等）。采用撒播的方式，事先对拟撒播的地块稍加划锄，播种后用短齿耙轻耙使种子表面覆土，稍加镇压或踩实，有条件的可以喷水、覆盖稻草、麦秸等保墒，草籽萌芽拱土时撤除。

34. 实行生草栽培如何刈割管理？

实行生草制的果园生长季节适时刈割，留茬高度20厘米左右；雨水丰富时适当矮留茬，干旱时适当高留，以利调节草种演替，促进以禾本科草为主要建群种的草被发育。刈割时间掌握在拟选留草种（如马唐、稗等）抽生花序之前，拟淘汰草种（如藜、苋菜、苘麻等）产生种子之前。

环渤海湾地区自然气候条件下每年刈割次数以 4～6 次为宜，雨季后期停止刈割。刈割下来的草覆在行内。

35. 果园适用的割草机具有哪些?

可以选择的割草机械有很多种，最常见的是背负式割灌机，较为灵活，工效也较高，对立地条件要求不高，但留茬高度完全依靠操作者的经验，因此刈割后草被不整齐。割灌机经常会打起石子、草棍等，具有一定危险性；且刀具易伤树干，造成树势衰弱，易感染病害，甚至死树。

其他，如各类草坪割草机皆可采用，但有些对地面平整度要求较高，有的机械留茬过低。国家现代苹果产业技术体系也研制出了一款割草机械——H26 型果园割草机，自带动力，对地面平整度要求不高，割草高度可调 5 档。

果园生草的目的不是为了美观，而是为了覆盖土壤稳定土壤环境、增加土壤有机质含量，因此通过简单的镰刀割倒高大的草即可，为了减小劳动强度，可以将普通镰刀安装齐眉长的把儿，做成一个改良式的钐镰，在藜、苋菜、苘麻、豚草等高大杂草长至 50 厘米高时，贴地面将其割倒，其他单子叶草在抽穗时割一次，通过这样简单刈割，果园会形成一种草种丰富、草被疏松的良好环境。

36. 为何要给草施肥？如何施？

幼龄树根系分布浅、范围小，不发达，与草竞争养分和水分时处于劣势，因此幼龄园生长季注意给幼龄树施肥 2~3 次，防止树草养分竞争。建立稳定的草被后雨季给草补施 1~2 次以氮肥为主的速效性化肥，促进草的生长。草的根系密度是苹果树的十几倍，速效性肥料撒施后草会迅速吸收利用，避免肥料淋溶损失。草吸收化肥后将其转化为有机态，又随着草刈割后茎叶腐烂、草根死亡腐烂等将已经转化为有机态的肥料返回土壤，而且有些草根系下扎入土很深，可以将肥料送到较深的土壤，这样果树根系分布范围内就有了源源不断的有机态速效性肥料供应，这也是为什么良好地实行生草制的果园果树生长中庸健壮。

给草施肥时，每次每亩化肥用量 10～15 千克，可以趁雨撒施。有机肥也提倡直接撒施，可不受季节限制，错开农忙利用空闲时间甚至冬季进行。

37. 起垄栽植有何好处？

起垄栽培在平原黏土地、易涝地采用效果很好。起垄后地表面积显著增加，果树根系分布范围内土壤通气、温度状况发生了明显的变化，土壤微生物活性增强，果树根系组成发生了显著改变，粗根发达、分枝多，细根发育良好，促进了树体健壮发育，叶光合能力强，树体养分积累多。

起垄的具体方法：沿果树行间起垄，使定植线最高，两侧略低，起垄高度一般 10～30 厘米，过厚会影响表层根系的透气性。

38. 苹果树对肥料有何要求?

苹果树对肥料没有特殊要求,生产上几乎所有的农业用肥均可在苹果园施用。但为了保证树体生长发育健康、丰产稳产、品质优良,施肥时要注意以下原则:以土施有机肥为主;氮肥的施用应着眼于提高氮素物质的贮藏积累,旺长期避免大量施用氮肥,要加强叶面喷施及秋季施用;注意中微量元素的使用,必须在树体碳氮代谢水平高的基础上才能充分发挥作用;施肥要与水分管理密切结合。

总的来讲,幼树因为需进行根系建造,以保证树体建造的顺利进行,故而应多施些磷,磷利于根系生长发育;结果期树则需要较多的氮、钾和钙。

39. 如何确定果园施肥量?

比较准确的确定施肥量的方法是通过营养诊断进行,包括如下方法:

（1）**田间试验法** 将果园划分为不同的小区，每小区施用肥料的种类、用量不同，观察果树生长发育状况。可以找出某一土壤条件下某种肥料的最佳剂量及最佳时间，若与其他肥料交互，亦可找出最佳肥料组合。多年试验的结果可直接用于生产。

（2）**土壤诊断法** 通过测定土壤中营养元素含量、有效土层厚度、土壤腐殖质含量、土壤pH、代换性盐基量、土壤持水量、微生物含量等参数，综合确定土壤供给养分的能力。

（3）**植物分析法** 主要测定叶片、根、果实中的元素含量。

叶片：叶片是营养诊断的主要器官，叶片矿质元素水平可敏感反映植株营养水平，但是取样标准要有严格规定，如取样时间、取样部位等，否则误差较大。

根：根系中元素水平可反映其吸收能力。

果实：对钙、镁的分析，尤其钙的分析采用果实分析法效果好。

（4）**外观诊断法** 树体营养状况会在外观上有一个综合的表现，通过多年的系统观察，会形成较为可靠的综合评判，可以从树相和叶片两个方面加以判别。

① 山东农业大学束怀瑞院士将苹果树相分五类。a. 丰产稳产树。一类短枝在 35% 左右且分布均匀，三类短枝 30% 左右（叶丛枝），长枝数量稳定在 10%～20%，叶片大而整齐，各类营养物质都较高而稳定，年周期及植株各部位营养水平变幅小。b. 旺长树。长枝比例超过 20%，枝条皮层薄、芽质差异大，萌芽后的新梢，芽内叶小，芽外叶及秋梢叶大，一类短枝 25%，三类短枝 40%，长短枝间营养竞争激烈，不易成花，植株营养水平低，根生长量大而分枝少。c. 变产树。即大小年植株，不同年份间营养水平及器官组成差异大，植株各部位差异也大，不均衡。d. 瘦弱树。多见于瘠薄山地，沙滩地长期缺肥的植株。生长量小，枝条皮层薄，叶小而黄，质脆，根浅而少，分枝差，各类营养物质少。e. 小老树。生长于缺水而有一定土层厚度的山地与黏壤土上的植株，叶片中大或较小而整齐。枝条生长量小，易成花但落花重，根系呈衰老状。

② 另据山东农业大学的研究，树体营养状

况与叶片的形态关系也十分密切。a. 苹果春梢大叶节以下的叶片数量（春梢芽内叶）及叶面积可以反映贮藏营养水平。b. 芽外分化的春梢上部叶大小与整齐度反映结果与生长的协调关系和当年供给营养状况。c. 秋梢叶的大小反映当年施肥的影响与生长势。

③ 日本果树专家林真二对二十世纪梨的叶片形态与营养水平关系的研究在苹果上也具有重要的借鉴价值。a. 叶片下垂时，表示氮素充分发挥作用；叶片呈波浪形或叶缘向外侧弯曲，表示氮素过剩；叶缘向上起立表示碳水化合物多而氮较少。b. 叶厚、色浓绿且有弹性，具光泽，说明碳水化合物和氮素养分均充足；叶片为暗浓绿色但无光泽，说明氮过多；叶薄，说明贮藏养分水平低，光照不足，碳素不平衡；叶片质脆易折，说明水分与氮素不足或钾过多。c. 氮素营养充足时叶柄长而下垂；碳水化合物丰富而氮足或钾过多，叶柄粗短，叶片直立。d. 发育枝的顶叶大而充实，说明果实发育后期营养充足，能保证果实的生长。e. 枝条上下粗度差异大，说明后期营养不足。

目前，日本及欧美一些国家，利用比色卡与叶色对照进行营养诊断，十分方便。

40. 苹果园常用的肥料类型有哪些？

各种剂型的有机肥料肥料、无机肥料均可在苹果园中应用，包括各种剂型的化肥、复混肥、常规的农家有机肥和商品有机肥。各地可以因地制宜，广开肥源，生产实际中要重视农家肥的收集、堆制和无害化处理。

41. 为何要重视有机肥施用，减少化肥用量？

我国的苹果园分布地区多为丘陵山坡地或沙滩地，一般土壤条件较差，土层浅薄，有机质缺乏、养分含量低且不均衡，土壤结构不良，黏重土壤透气性差，沙化土壤保水保肥能力低，不利于果树生长发育和优质丰产。长期的偏施大量化肥，导致土壤环境持续恶化，土壤酸化、次生盐渍化等障碍因子越来越成为制约果树生长发育的因素。通过大量持续施用有机肥，不仅可以提供氮、磷、钾、钙、镁、硫、锌、铁、硼等果树生长必需的元素，更重要的是有机肥中的有机成分进入土壤后可以转化为果园土壤稳定态有机质，显著改善土壤结构，缓解障碍因子对果树的伤害，增强土壤透气性，提高果园土壤保肥保水和供肥给水的能力，促进根系生长发育。有机肥的施用按照"斤果斤肥"的原则进行，高产园提高有机肥施用比例。

42. 苹果园常用的有机肥有哪些?

苹果园常用的有机肥主要包括农家肥、生物有机肥、饼肥、鱼腥肥以及粮食、食品工业废弃物等。

其中，农家肥种类繁多，各地可根据实际情况和农业技术传统进行应用，如厩肥、沼渣沼液、秸秆肥、绿肥等。集约化养殖场产生的粪污是重要的有机肥源，但由于和传统的圈养不同，集约化养殖场粪污水冲频繁，没有自然发酵过程，不能直接应用，以免烧根。同时，集约化的

养殖场主要采用成品饲料饲喂，养殖过程中防疫
等较频繁，粪污中重金属、盐、抗生素含量较多，
使用时应予注意，一定要先进行无害化处理。

43. 如何进行果园有机肥的无害化处理？

果园有机肥的无害化处理包括通过生物、物
理、化学的方法，消除有害微生物、污染物，促
进有机物转化的过程，包括堆沤、粉碎、灭菌等
方法。对于养殖场粪污、作物秸秆及其他有机物
料，也可通过沼气池降解为沼渣、沼液后应用。
提倡结合果园实际情况建立专门的有机肥堆沤场
所，需要使用的有机肥要提前半年以上进行堆
沤，即秋天施用的要在当年春夏开始准备，春季
施用的在头年夏秋季准备，堆沤期间要进行翻倒。

44. 集约化养殖场的粪污要进行哪些处理方可用于果园？

集约化养殖场的粪污要进行堆沤处理之后方

可用于果园，具体方法是将粪污与铡碎的作物秸秆、土等混匀，堆成堆，覆盖塑料布，1个月左右翻倒1次，等堆沤到没有刺激气味时即可用于果园。通过这样的堆沤过程，可使粪污中重金属、盐等与有机物络合，抗生素降解，有害微生物死亡，不会对果树造成伤害，也避免了对果园的二次污染。

45. 商品有机肥和传统有机肥有何区别？

商品有机肥是将畜禽粪便、有机物料、粮食与食品行业的下脚料、黏土等经过工厂化处理后形成的商品，有的还添加一定比例的化学肥料。传统有机肥即指农家肥。相比较而言，商品有机肥营养元素含量较高，质量较稳定，但往往要经过灭菌环节，未经充分腐熟，施用不当会烧根。传统有机肥则是养分含量较低，质量差别较大，但经过了充分腐熟后肥效温和，大量施用有利于改善土壤结构和养分状况，优化土壤微生物，较为安全。

46. 果园施用生物炭肥有何好处？

生物炭肥是将植物秸秆等经过高温厌氧处理后形成的一类有机态物质，具有大量细微的孔状结构，比表面积很大，可以大量吸附养分和水分，也为土壤微生物的活动提供了丰富的场所。果园使用生物炭肥，可以显著改善土壤结构，提升土壤的保水保肥能力，丰富土壤微生物多样性，为根系的生长发育提供稳定而适宜的条件。实践证明，施用生物炭肥后，树体生长发育健壮，尤其叶片质量好，光合能力强，产量高而稳定，果实品质明显提升。

47. 苹果主要的施肥时期有哪些？

（1）确定施肥时期的依据

① 果树需肥特点。果树对肥分的需求，在一年中不是一个恒定的值，而是有规律地变化；在一生中，不同年龄阶段，其需肥特点也不相同。

苹果树对氮、磷、钾三要素在一年中的吸收动态为休眠期吸收很少，萌芽后吸收量渐增，随着新梢迅速生长吸收量大量增加，在新梢停止生长前后先后达到高峰。之后，结果树氮、钾吸收量仍较多，至采收后迅速下降。

② 土壤养分供应特点。一般而言，土壤矿质元素含量在春季开始上升，随雨季到来，淋失增加；尤其在山岭薄沙地，至雨季土壤中矿质元素含量又下降，此时对山岭地可考虑补肥。

(2) 施肥时期

① 基肥施用时期。生产上基肥的主要施入期为早秋，即"秋施肥"。一般而言，秋季施肥应在中早熟品种采收后尽快施入，大约在 9 月进行。

在山区干旱地块，施肥后不能灌水的，基肥也可以在雨季趁墒施用。但肥料必须是充分腐熟的精肥，挖小坑施入，速度要快，不得伤粗根。

② 追肥施用时期。

a. 萌芽前追肥。此时根系活动能力较差，吸收力差，追肥施入土中肥效差，因此，可在萌芽前利用较高浓度的速效性肥料"打干枝"，如用 5%尿素喷施。

b. 萌芽后至花前叶面追肥。短枝萌芽期比长枝略早，但因其生长有限，很快即封顶，营养竞争能力很快即变弱；而物候期略晚的长枝，由于进行芽外新梢分化，其营养竞争能力渐强。

春天土施肥料，肥料在开花时运到花中的极少。春季开花时，氮素来自树体的贮存营养。而在萌芽至开花这一时期不断叶面追肥，极利于叶的建造，尤其短枝及果台上的叶，很早即有净光合输出。因此，这个时期叶面喷肥对提高短枝营养水平是极有利的。

c. 花后追肥。花后追肥一般在坐果期进行，此时刚好处于果树的第一个营养转换临界期，果树开始由利用贮藏营养阶段进入利用当年获得的营养阶段，幼果生长迅速，新梢开始抽生。充足而均衡的养分供应，不仅利于坐果及幼果膨大，而且利于果树叶幕的进一步建成，从而提高树体光合能力，提高其碳素代谢水平。

d. 花芽分化期追肥。此时期中枝已封顶，只有长、超长枝仍在继续生长，封顶枝可以进行花芽分化。此时追肥，可以显著提高树体营养能力，尤其是光合作用能力提高明显。树体碳素营养水平高，为各种生理活动提供碳元素。

e. 果实迅速膨大期追肥。果实生长中后期进入迅速膨大期，充足的肥分供应可以提高树体营养能力，为果实膨大提供更多的干物质，与当年产量关系重大。

f. 采果后追氮肥。果实采收后，叶片光合能力会有一个上升过程，此时结合基肥施入速效性肥料或叶面用 1% 的尿素、磷酸二氢钾喷肥，对于提高树体营养积累，促进花芽进一步发育，提高枝梢成熟度具有重要意义。

另外，不同类型的苹果树体追肥施用时期应当有所区别，才能保证各类树型均向中庸健壮、丰产稳产发展。表 1 是山东农业大学提出的区别施肥的建议。

表 1　不同类型苹果树体的追肥时期

树体类型	生长特点	追肥目的	追肥时期	备注
弱树 小老树 衰老树	枝叶生长弱	促进枝叶生长	①新梢旺长前（萌芽后，花后） ②秋季	以氮为主

（续）

树体类型	生长特点	追肥目的	追肥时期	备注
旺长树无花树	枝叶旺长，不成花	缓和枝叶生长，促进花芽分化	两停（春梢停长期及秋梢停长期）施肥	增加磷、钾肥；幼旺树以秋梢停长期追肥为主
大年树	花果消耗大，花芽形成少	促进花芽分化，补充消耗增加贮备	①花芽分化期 ②采收后（晚熟品种在采收前）	如树势较弱，可在花前追一次肥，以利坐果；注重秋施肥
小年树	花前生长弱，花果量小，花芽形成量大	提高坐果率	注重前期（萌芽前后，或开花前后）	花芽分化期不必追肥
丰产、稳产树	各器官生长适宜、协调	补充消耗稳定供应	①以秋季为主 ②可在萌芽前后、开花前后、花芽分化期、果实发育期，少量、分次	注重"稳定性"，避免大肥大水或缺肥断水刺激

48. **如何施用基肥？**

生产上基肥皆为土施，达到根系集中分布层即可。施肥时要将肥料与土混匀填入，踏实，灌水。主要有以下几种方法：

（1）**全园施肥** 即全园撒施，将肥料均匀地撒在地面，然后翻入土中，深达 20 厘米左右。全园施肥适用于成龄果园或密植园，果园土壤各区域根系密度均较大，撒施可以使果树各部分根系都得到养分供应；而且便于结合秋季深翻等用机械、畜力进行，劳动效率高。但是，若肥料施用较少，全园撒施则不能充分发挥肥料的作用。

（2）**环状沟施肥** 在树冠投影边缘以外挖环状沟，宽 30～50 厘米即可，深达根系集中分布层，一般 40 厘米左右即可。将有机肥与表土混匀填入沟内。底土作埂或撒开风化。劳力紧张或肥料紧缺的园子，也可不挖完整的环状沟，而挖间隔的几段（月牙沟），这样不仅可起到施肥、补肥的作用，而且利于保持根系少受伤害，因为环状沟法施肥易挖断水平根。大树每次挖4～6个环状沟（月牙沟），小树可挖2～3个。每次使月牙沟总长度达半圆（即每次可使一半的根的营养状况得到改善）。

雨季水多的地区，沟上要起高15～20厘米的垄，以免沟内积水。黏重、盐碱土可于沟内加施有机物，以增加透气性，减轻盐害。

环状沟施肥操作比较简单，尤其是稀植树、成龄树，挖沟方便，因此劳动效率高。但是，采用环状沟施肥每次施肥仅在外围，树冠内膛的根系得不到更新，营养条件日趋恶化，自疏死亡加快，引起内膛粗根光秃，进而导致树冠内膛短枝早衰死亡，这是树体结果部位逐年外移的原因之一。

（3）**放射沟施肥** 在树冠下大树距干1米、幼树距干50～80厘米，向外挖放射沟3～6条。沟的规格为内深、宽20～30厘米即可，外深、宽30～40厘米。挖的过程中保护大根不受伤害，粗度1厘米以下的根可适当短截，促发新根，使根系全方位得到更新。肥料与表土混匀填入沟中，底土作埂或撒开风化。雨水大的地区同样需在沟上起垄（高 15～20 厘米）防止沟内积水。黏重、盐碱土壤同样可以加施有机物改良。沟的位置可每年轮换。

放射沟施肥是一种比较好的施肥方法，可以有效地改善树内膛根系的营养条件，从而促进树冠内膛短枝的发育。但在密植园、大树冠下采用这一方法很不方便。

（4）**条状沟施肥** 在果树行间开沟，施入肥料，可以结合果园深翻进行，密植园可采用此法。工作量较大，但改土效果较好，且可以应用机械提高工效。黏重、盐碱土壤同样可以加施有机物改良。

（5）**穴状施肥** 在树干外 50 厘米至树冠投影边缘的树盘里，挖星散分布的 6～12 个深约 50 厘米、直径 30 厘米的坑，把肥料埋入即可。这种方法可将肥料施到较深处，伤根少，有利于吸收，且十分适合施用液体肥料。

另外，起垄的果园在株间挖沟施入，之后再修复垄台。密植园、实行生草制的果园可以铺施、撒施，不进行翻耕。

49. 叶面喷肥的依据是什么？叶面喷肥有哪些特点？哪些肥料适合叶面喷施？

（1）**叶面喷肥的依据** 果树叶片的气孔和角质层可以吸收水分和肥料，尤其幼叶，其生理机能旺盛，气孔所占比例大，吸收速度快。同一张叶，叶的背面由于气孔多，表皮下具厚的疏松海绵组织层，细胞间隙大而多，利于吸收和渗透，因此，叶背吸收养分快。

（2）**叶面喷肥的特点** 叶面喷肥肥料进入叶片后，可直接参与有机物合成，不用经过长距离运输，因此发挥肥效比较快，比如硝态氮，喷后15分钟即可进入叶内。而且，肥料进入叶后不受生长中心的限制，分配均衡，有利于缓和树势和对生长弱势部位的促壮，尤其对提高短枝的功能作用巨大。另外，叶面喷肥还不受新根数量及土壤理化性质的干扰，故而缺素症的矫正也常采用叶面喷肥法。

只要保证肥料和农药不发生反应，叶面喷肥

还可结合喷药进行，以提高工效。

叶面喷肥后 10～15 天叶片对肥料反应最明显，以后逐渐降低，至第 25～30 天则已不明显。因此，如果想通过叶面喷肥来供应树体某关键时期的需求，最好在此期时每隔 15 天喷 1 次。

凡是溶于水、呈中性或微酸性、微碱性的肥料，不论是有机态还是无机态，均可进行叶面喷施。

50. 如何喷施叶面肥？

苹果树叶面喷肥前一定先做小型试验，确认不发生肥害时找出最大浓度后再大面积喷。叶面喷肥的最适温度为 18～25 ℃，空气相对湿度在 90％左右为好。喷布时间以上午 8～10 时（露水干后太阳尚不很热以前）和下午 4 时以后为宜。以免气温高，肥液很快浓缩，既影响吸收又易发生药害。阴雨天不要进行叶面喷肥。叶面喷肥时喷布一定要周到，做到淋洗式喷布，尤其叶背，一定要喷到。

表2 苹果的叶面喷肥

时期	肥料种类浓度	作用	备注
萌芽前打干枝	2%～3%尿素	促进萌芽、叶片、短枝发育，提高坐果率	前一年果实负荷量大或秋季早落叶树尤为重要
	3%～4%硫酸锌	矫正小叶病	主要用于易缺锌的果园
	1%～2%硫酸锌	保持正常锌含量	
萌芽后	0.3%尿素	促进叶片转色、短枝发育，提高坐果率	可连续喷2～3次
	0.3%～0.5%硫酸锌	矫正小叶病	出现小叶病时应用
花期	0.3%～0.4%尿素 0.3%～0.4%硼砂	提高坐果率	可连续喷2次
新梢旺长期	0.05%～0.1%柠檬酸铁，或0.3%～0.5%硫酸亚铁，或0.3%～0.5%黄腐酸二胺铁	矫正缺铁黄叶病	可连续喷2～3次
果实发育前期	0.2%～0.5%硼砂	防治缩果病	

（续）

时期	肥料种类浓度	作用	备注
果实发育中期	0.5%～1%氯化钙	防治苦痘病，提高品质	可连续喷2～3次，注意喷果实
果实发育后期	0.4～0.5%磷酸二氢钾或4%草木灰浸出液	增加果实含糖量促进着色	可连续喷3～4次
采收后到落叶前	0.5%尿素	延缓叶片衰老，提高贮藏营养	连续喷3～4次，大年后尤其重要
	0.3%～0.5%硫酸锌	矫正缺锌	常在易缺锌果园应用
	0.2%～0.3%硫酸锌	保持正常锌含量	
	0.4%～0.5%硼砂	矫正缺硼症	常在易缺硼果园应用
	0.1%硼砂	保持正常硼含量	

从表2中可以看出，早春萌芽前和秋季采收后是叶面追肥的两个重要时期，特别是大年树、早期落叶树、衰弱树，因秋季和翌春新根量少，从土中吸肥能力有限，秋季喷肥可显著提高树体贮藏营养水平。萌芽前喷肥可以弥补贮藏营养及早春根系吸收之不足，对春季一系列生长发育都非常有利，喷后叶片转色快，短枝叶净光合输出

早，花器官发育好，坐果率高。

51. 良好的水分管理对苹果生产有何重要意义？

俗语云："多收少收在于肥，有收无收在于水。"可见水分在农业生产中的重要地位。苹果树根系庞大，可以广泛利用土壤中的水分，抗旱性较强。但是，合理的水分管理仍是果树丰产、稳产、优质的保证。

（1）水分对苹果根系生长发育的影响 一般而言，充足而稳定的水分供应，可以使根系密度中等、分布均匀。新根的发生需要有充足的水分供应。据笔者利用盆栽苹果树做的试验，新根在整个生长季都可大量发生，其发根高峰不像田间树那样有明显的 3 个高峰期，每次降雨后都有一次小小的发根高峰。水分供应不足时，新生根木栓化速度加快，最快的 2～3 天即木栓化，发生新根能力差，甚至生长点枯萎。而适宜的水分供应，可以保持新根较长时间为白色，不木栓化；在木栓化开始后，根段发生次级根能力强，次级根细长，多分枝，木栓化慢，这样的根活性强，吸收能力强，产生生长调节物质的量多，对地上部生长发育促进作用明显，树体健壮。这些细长多分枝的新根，再分枝即产生较短的新根，它们的大量存在是树壮、稳产的保证。

水分过多时，土壤通气性变差，新根极易死亡，未木栓化的部分尤其易窒息腐烂。新根再从刚木栓化的近先端处发生。水分过多时，新生根色深，呈浅黄甚至黄褐色，但木栓化程度低，分枝少，尤其没有细长分枝。这些树地上部新梢先端往往黄叶。采用滴灌的，根系最密集的区域不是滴灌点处，而是在其附近20～30厘米外，也说明水分过多不利于根系发育。

水分适宜的果园，根系分布较浅，均匀，活性强，根系更新慢；偏旱时，利于诱导根系往深层土中扎，表层土中细根少，更新快。

（2）水分对苹果枝叶生长的影响 适宜的水分供应可以促进枝叶建成，保持叶片有较强的光合能力，促进新梢延伸生长。发芽前后到开花期，如果供水不足常造成发芽延迟，不整齐，影响枝梢生长。水分充足时，叶片大，寿命长。水分过多，叶大而薄，积涝严重时黄化脱落。

（3）**水分对苹果花芽分化的影响** 一般情况下，适当的控水可以促进花芽分化，这是因为适当控水条件下，细胞液浓度高，生长素、赤霉素类物质合成少，而脱落酸、乙烯等合成增加，利于花芽分化。但过于干旱情况下，树体生理机能下降，花芽分化受阻，尤其进入形态分化阶段后，过度干旱易致花畸形或败育，灌溉后可以提高花芽分化量，这与灌水后提高树体光合及根系营养能力，促进了干物质积累有关。

（4）**水分对苹果果实生长发育的影响** 适宜的水分供应可以保证开花整齐，花器官发育良好，柱头及花粉寿命长，从而可延长授粉受精时间，提高坐果率。花期干旱，柱头与花粉寿命短，坐果率会下降。幼果膨大期与新梢旺长期相遇，是果树需水的第一个临界期，若水分供应不充足，会使叶片从幼果中夺取水分，导致幼果干缩脱落，严重干旱时还会导致幼果缺钙。果实迅速膨大期，是果树需水的另一个临界期，充足的水分供应可有利促进果实细胞中液泡的膨大，从而促进果实膨大，与当年产量关系极为密切。

52. 苹果主要的灌水时期有哪些?

灌水应在苹果树的需水临界期进行,具体的灌水时期应视天气状况和树体生长发育状况灵活掌握。多数情况下可考虑在下列时期灌水:

(1) **发芽前后至花期** 此时土壤水分充足,可以保证萌芽及时而整齐,叶片建造快,光合能力强,开花整齐,坐果率高,为当年丰产打下坚实基础。我国北方春旱地区,此期灌水更为必要。

(2) **新梢旺长及幼果膨大期** 此期为果树需水的第一个临界期,新梢生长和幼果膨大竞争水分,果树生理机能最旺盛,充足的水分供应可以促进新梢生长,提高叶片光合能力,促进幼果膨大。水分不足,则叶片从幼果夺取水分,引起幼果皱缩脱落,直接影响当年产量。如果过于缺水,则强烈的蒸腾作用还使叶片从根系中夺取水分,致使细根死亡增加,吸收能力严重下降,从而导致树体衰弱,产量严重下降。

(3) **果实迅速膨大期** 此时期也是花芽分化期,适当的水分供应,不仅与当年产量关系密切，而且影响翌年产量，因此，此时期为果树需水的第二个临界期。

（4）**摘袋前** 通常采收前不宜灌水，否则易引起裂果或引起品质下降（含糖量降低、着色差、耐贮性差等）。但套袋果园摘袋前应灌1次水，以免摘袋引起果实日烧。较干旱的年份，临近果实成熟也应适当灌水，以使果实上色鲜艳。

（5）**采收后至落叶前** 此时灌水，可以使土壤贮备充足的水分，促进肥料分解及养分释放，从而促进翌春树体的健壮生长。寒地果树越冬前灌1次冻水，对果树越冬极为有利。

另外，不同树体类型也应区别对待，中庸健壮、丰产稳产的树，保证稳定而适宜的水分供应；弱树保证充足水分供应；生长势强的旺长树适当控水，尤其是新梢旺长时控水有利于控旺促花；幼旺树除萌芽前和秋季灌水外，新梢旺长期只要叶片不萎蔫，可以不灌水。

53. 苹果园灌溉方法有哪些？

苹果园常采用以下灌溉方法：

（1）**地面灌溉**　地面灌溉包括分区漫灌、树盘灌和沟灌 3 种方法。

漫灌是传统灌溉方法，部分采用树盘灌，一次灌透。深厚的土壤，一次浸湿土层达 1 米以上，浅薄土壤经过改良的，也要达 0.8～1 米，每亩用水达 60 吨，浪费水，对土壤结构破坏较重，也易引起根系窒息死亡。因此，除了冬季灌封冻水和盐碱地大水洗盐外，不宜采用大水漫灌。

地面灌溉中较好的方法是沟灌。具体方法是在果树行间开沟，沟深 20～25 厘米，密植园在每一行间开一条沟即可；稀植园如果为黏土，可在行间每隔 100～150 厘米开一条沟，疏松土壤则每隔 75～100 厘米开一条沟，灌满水渗入后 1～2 小时，将沟填平。沟灌的优点是使水从沟底和沟壁渗入土中，土壤浸润均匀，蒸发渗漏量少，用水经济，每亩用水 20 吨左右，并且克服了漫灌易破坏土壤结构的缺点。黏土地还可将沟灌排两用，省去每次灌水开沟用工。

（2）**穴灌**　在树冠投影边缘均匀挖直径 30 厘米、深约 40 厘米的穴，一般 4～12 个，水灌满穴为度。若结合埋设草把进行穴贮肥水，灌后覆膜，效果更好。

穴灌节水，每亩5～10吨，穴周围水分稳定而均匀，不破坏土壤结构，对于干旱、水源缺乏地区不失为一种切实可行的节水灌溉方法。

（3）**地下管道灌水**　是借鉴传统的沟灌技术改进而来的，既具沟灌的优点，又减少了每次开沟引水的工作量。具体方法是将塑料或合金管埋入地下，或用陶管、石块垒成管道，管道直径30～50厘米，管上依株距开出水孔。

石砌管道每次每亩用水20吨，塑料或含金管一般每次每亩5吨水即可。

（4）**滴灌**　滴灌是近年来应用较多的一种高效节水灌溉方法，是采用水滴或细小的水流缓慢浸润根系周围的土壤，因此水分浸润均匀，不破坏土壤结构，保持土壤良好的通气状况。采用滴灌的植株根系分枝多，细根量大，色浅，活性强。

每株可设置3～6个滴头，每滴头每小时滴水5升，连续灌水2小时即可，每亩灌水5吨左右。3～5月干旱季节，沙化土或沙砾土壤每周可灌 2 次。

（5）**喷灌** 通过人工或自然加压，利用喷头将水喷洒入果园的灌溉方法为喷灌。基本上不产生深层渗漏和地表径流，不破坏土壤结构，而且可以调节果园小气候，减轻低温、高温及干热风的危害。在山区沟谷地带，在较高地方利用拦水坝蓄水，软管引水进园，采用自然高差加压进行喷灌。水库下游地区亦可利用水库水的自然压力进行喷灌，效果良好。

喷灌必须在微风至无风的天气进行，风力超过 3 级，易使喷水不匀，蒸发损失也大，可达 10%～40%。喷灌后果园湿度增加，要加强病害防治，密植园尤其如此。

54. 果园保水措施有哪些？

果园灌水后能补充土壤水分，但如果不采取相应的保水措施，灌水的效果会很快失去。因此，保水措施也是与果园水分管理密切相关的。

最有效的保水措施是果园覆草或覆膜，覆膜后土壤蒸发量为地表裸露的 1/4～1/5。覆草后也可减少蒸发量60%以上，而且覆草后无特大暴雨也不会在地表产生径流。因此，在沙土地上覆草保水效果极好。

另外，清耕制果园多次中耕锄草也可以有效防止水分过分蒸发，起到保水作用（俗语云："锄头底下有水"即此道理）。

55. 水肥一体化技术有何优缺点？

水肥一体化技术是近年来发展十分迅速的农业新技术，是借助压力系统将可溶性固体肥料或液体肥料按要求配成肥液，与灌溉水一起通过管道系统输送至果树根部，可做到均匀可控、定时定量浸润根系分布区域。

该项技术的优点是水肥同施，肥效快，养分利用率高。可以避免肥料施在较干的土中造成的挥发损失、溶解慢、肥效发挥慢的问题，既节约肥料又减少环境污染，同时省工省时。

但水肥一体化技术要求有专门的设备，投入成本较高，对水质要求也高。长期实行水肥一体化也会造成根区过湿，引起根系窒息。大量的水

溶性肥料的施用也存在次生盐渍化的风险，土壤
结构有恶化的趋势。

56. 雨养旱作果园如何提高水分利用效率？

我国有大面积果园没有灌溉条件，只能靠雨
养旱作，如何提高自然水分的利用率是关系到能
否实现优质丰产的关键。主要的技术措施有实行
土壤覆盖（覆膜、覆草、覆盖地布等）、起垄集
雨入穴、地膜覆盖穴贮肥水等。

57. 水分过多对苹果树有哪些危害？

土壤水分含量过高，会使土壤通气状况恶
化，根系窒息，进行无氧呼吸产生乙醇，使蛋白
质凝固，导致根系生长受阻，吸收水肥能力下
降等。

由于土壤通气状况恶化，会使微生物活动减
弱，养分分解减慢，释放减少。若土壤有机质含
量高，在缺氧情况下会产生还原性物质（如硫化

氢、一氧化碳）等，对果树产生毒害作用。

夏秋季雨水多，根系土壤状况恶化，导致大量细根死亡，根系吸收能力下降，合成生长调节物质的能力下降，引起叶片早衰。

另外，在未造成伤害的情况下，水分偏多也会导致植株生长过旺，难以成花，果实品质下降，病害多，不耐贮藏。

58. 苹果园主要在什么时间需要排水？

在我国北方苹果产区，果园排水时间主要是6～8月，此时正值雨季，降水丰富，气温高，若不及时排水，易引起徒长或涝害。

个别地下水位高的果园，要随时注意排水，而非仅在雨季，其他季节的急降水也会造成涝害，这些果园可挖永久性的大排水沟，随时排除多余水分。新植幼树由于灌水将大量细土沉入坑底形成"花盆效应"，更易造成涝害，雨季更要及时排水。以后随着树体长大根系深扎形成水分通道，加之土壤中昆虫的活动，这种现象逐渐减轻。

59. 苹果园有哪些排水方法?

易涝地最好不建果园,若建果园可采取下列栽培措施。

(1) **起垄栽培** 起垄栽培在平肥地、黏土地采用效果很好。起垄后果树的根系组成发生了显著变化,细根发育良好,促进了树体健壮发育,秋梢叶光合能力强,对于促进秋季发根高峰的到来、增加树体养分积累有重要意义。

(2) **黏土地起垄结合挖放射沟排水** 黏土地若仅起垄仍不能达到排水目的,还可在起垄的同时,再在树下开 4~6 条放射沟(小树可 2 条)排水,放射沟内端深、宽各 20 厘米,外端深、宽各 40 厘米,沟外端与行间垄沟接通,从距树干 50 厘米处开挖,将玉米秸捆成一捆埋入放射沟中,每个放射沟追上 100 克尿素、100 克磷肥,填土,使沟部呈屋脊状,这样沟内水会较通畅地引流到垄沟里,不会造成积水。

第五讲
合理的树形及整形修剪

60. 确定树形的依据是什么？

传统的经验认为，"没有不丰产的树形，只有不丰产的结构"。果树栽培历史上出现过至少百种以上的树形，众多的研究表明，不论选择哪种树形，果园理想的生产能力是接近的，最终的枝量和枝类组成是相近的。具体到一个实际的果园要选择哪种树形，应该考虑到多个方面，包括株行距、砧穗组合、自然条件、立地条件、土壤肥力、栽培技术、劳动力情况等。

61. 我国目前苹果树主要的树形有哪些？

我国目前苹果生产中提倡的是"宽行密植"

的栽植制度，对植株栽植的要求已经由传统的乔化、稀植、大冠转变为矮化、密植、小冠。生产上新建园普遍采用以细长纺锤形、高纺锤形为代表的各类小冠树形。

实际上，不论这些树形有何细微的差别，基本的原理是相近的，即均强调"单轴延伸、增大级差，减少骨干，加大角度，提高主干，减少枝量，提高枝质"。

强化骨干枝、枝组单轴延伸，培养细长的枝组结构，并保证骨干枝延长头具有绝对的生长优势，避免出现多头竞争。这一点可以说是密植园、纺锤形类树形的"灵魂"。只有单轴延伸的骨干结构，才会培养出中庸健壮、分布合理的枝。

增大骨干枝的级差，要求明确各类枝条的从属关系，从而保证结果枝组中庸健壮。这一点与传统大冠树形极为复杂的骨架结构有明显的区别。骨干枝级差大，既保证了树势，又不会使结果枝组过大、过旺而难以控制。同时，较小的结果枝组着生在势力较强的骨干上，所结果实品质优良，枝组更新也容易。拉大骨干枝级差后要重视结果枝组的培养，注重培养斜生、下垂、细长的结果枝组，保证结果枝组健壮，修剪以疏、放为主，不要急于回缩。

减少骨干枝的级次，实际上是解决了"结果还是长树"的矛盾。骨干枝级次简单，就避免了因大量枝干生长造成的浪费，也防止了几个强旺的多年生枝着生部位过近、分枝密集而形成枝干生长中心，加粗迅速，导致树旺长，小枝枯死。级次简单也使得结果部位靠近中心干，养分、水分的运输距离短，运输阻碍和浪费少，枝组更新容易，活力旺盛，果实发育良好。级次简单，树冠通风透光良好，没有光照死角，没有寄生枝叶，植株生产效率高。

加大骨干枝的角度最主要的是削弱枝条的顶端优势，分散枝条生长势，促进更多的芽萌发，缓和新梢生长强度，形成更多的中短果枝。有研究表明，枝条由直立拉至水平后，光合产物外运量明显下降，就是说枝条光合制造的养分自留量增加，促进花芽分化。这就是为什么拉枝是促进早结果的有效手段。

提高主干高度也可以有效缓和树势，同样的

砧穗组合和立地条件下，主干越高，树势越容易缓和。同时，密植园采用较高的树干，避免下部过早留枝、留枝过大，中心干生长势不能保证，树不够高。下部枝过大也不利于果园通风透光和机械作业。

现代果园要想优质丰产、稳产高效，必须降低亩枝量，提高枝条质量。传统的乔化密植苹果园亩枝量高的可达 18 万条，果园郁闭，密不透风，即便获得高产，品质也难保证，易滋生病虫，作业困难。现代矮化密植苹果园要求冬季修剪前每亩枝量 9 万～12 万条，修剪后 7 万～9 万条，条条见光，枝枝有效，果园覆盖率以 75%～85% 为宜，每亩树冠体积以 1 000～1 200 米^3 为宜，最简单的判定方法就是在生长季树下有较多的连续光斑，树下的草可以正常生长。

62. 为何特别强调纺锤形类树形中心干的生长势？

纺锤形类树形具有最强势的中心干，方可对侧生枝的生长起到制约作用。强旺的中心干顶端优势强，侧生的小主枝和枝组就不会旺长，角度就会较大，加之人工拉枝等措施，侧生枝生长发育缓和，就会很快成花。因此，能否保持中心干绝对的生长势直接关系到纺锤形树形的成败。

63. 如何维持中心干延长头强旺的生长势？

自然情况下苹果会长出较为强旺的中心干，但要想长成符合果园生产的树形，还得通过人工措施，建成一个符合要求的中心干，同时控制其他分枝，尤其不能出现竞争枝。主要的措施有：

(1) **中心干延长头抹芽** 在萌芽后抽梢前抹掉第一个芽（未定干和短截的为顶芽）以下的数个芽，避免与第一芽竞争。

(2) **及时疏除竞争枝** 生长季及时疏除顶梢（中心干延长头）以下的竞争枝，为了避免贴根疏梢留下的伤口对顶梢生长的影响，可以留基部1～2片小叶重短截竞争枝，再发出的二次枝就很难对顶梢再形成竞争了，也不会因贴干疏除伤口削弱中心干的长势。

（3）**疏除侧生枝**　定植后第二年斜剪疏除中心干延长头以外的所有侧生分枝（留马蹄橛，剃光杆），是保持中心干生长势最有效的方法，密度大的园子甚至可以连续疏除两年。

（4）**立竹竿绑缚**　有些品种旺梢较软，容易因叶片多、降雨沾水加重等倒伏；或者风刮摇晃，对新梢造成伤害，影响长势，类似于拿枝软化。故而，立竹竿绑缚后新梢生长明显要好。

64.　纺锤形类树形何时可以落头？落头之前如何修剪中心干？

纺锤形类树形进入盛果期后控制树体高度在3.5米左右，这个高度在2～3年生时就能达到，因此生产上就出现了很多强行落头的现象。这个树龄的果园，产量尚低，树体生长旺盛，强行落头是难以奏效的，势必会再产生强旺的顶生枝，形成新的头。一般来讲，要在树体进入盛果期、稳定结果数年，中心干延长头生长势已经缓和并已经大量结果3年以上，其临近的侧生枝（小主枝，过去称为跟枝）也稳定结果数年、角度稳定、生长缓和的情况下，方可落头。

因此，从3～4年生的初果期树到落头前的这段时间，一般果园在8年左右，对中心干延长头及其附近的枝条的修剪控制就显得很重要，不仅为将来落头做准备，更重要的是保持下部拟长期保留的小主枝角度合理、分布均匀，生长发育中庸健壮，稳定结果。

具体的修剪方法是：从第三、四年生起，选留主枝数量已经达到整形要求，中心干再往上延伸的部分是将来落头要去掉的，每年冬季修剪时疏除强旺分枝，保留细软分枝，延长头不再短截，这样疏枝缓放1、2年后就会形成花芽，逐渐开始结果，等大量结果3年以上，不再发生大量强旺新梢时即可考虑落头。

65. 为什么要注重培养细长结构的枝组？

矮化密植果园枝组培养与乔化大树很重要的一个区别就是将原来的立体、大型化枝组，改变为细长、小型化的斜生或下垂枝组。这样的改变从根本上缓和了枝组的生长势，枝组上的叶片制造的养分留在本身的量显著增加，而非像原来强旺生长的枝组制造的养分有相当大比例运到大枝、主干、根系中，浪费显著。养分自留量的增加保证了花芽分化的顺利进行，花芽质量好，坐果率高，果实品质优良。这一点在苹果富士系品种上表现尤其突出。大树改造时培养的"珠帘式"结果，就是典型的例子。

细长结构的枝组也减少了大量分枝造成的遮光，树冠内膛光照也可以满足优质果生产的要求。

66. 什么样的枝是高质量的枝？

从本质上说，高质量的枝条就是养分含量水平高、芽分化充分的枝条。可从以下几个方面加以判断：

（1）**有秋梢的枝** 有秋梢的枝代表了树体的生长势，也是保证秋季发根高峰的重要因素，关系到树体养分的储备和芽的后期分化、来年开春树体开始生长的水平，因此要重视这类枝。高质

量的有秋梢的枝长度应该在 60 厘米左右，秋梢
段长度占梢长的 1/4，这类枝占新梢总量的 5%
左右，且在树冠上分布较均匀。各主枝的延长头
要有秋梢，方可保证主枝的生长势。

（2）**早期封顶的长枝** 这类枝长度 40 厘米
左右，没有秋梢，其叶片大小中等、均匀一致，
叶柄与枝条夹角几乎为垂直，叶芽饱满，顶芽封
顶后分化良好，最好是花芽。这类枝来年可以萌
发数个中庸健壮的新梢，易形成细长结构的枝组，
进而形成大量花芽，是优良的结果母枝，数量在
25% 左右，主要分布在骨干枝二、三年生的部位。

（3）**短枝** 是苹果的主要结果枝类型，要有
6 片以上的大叶，顶芽极为饱满，一般为分化优
良的花芽。这类枝比例应在 70% 左右，在树冠
的各个部位都应发育良好，不出现过多 3～4 片
叶的叶丛枝。

67. 为什么要重视培养斜生和下垂的枝组？

植物具有顶端优势，即越是直立的枝条生长

越强旺，越不容易开花结果。苹果也是如此。斜生或下垂的枝，顶端优势被打破，其上芽萌发率提高，前后的芽萌发的新梢生长势差别减小，每个新梢获得水分和矿质营养的数量少，容易形成大量中短枝。加之如前所述，斜生或下垂的枝光合养分自留量显著增加，花芽分化水平高。

因此，矮化密植小树形的斜生、下垂枝组，生长发育中庸健壮，分枝生长有限，花芽分化良好，坐果率高，果实品质优良，连续结果能力强。在管理水平较高的树上，这样的枝甚至可以七八年都不用过多修剪，年年结果良好。

68. 什么叫骨干枝单轴延伸？

在矮化密植果园，小主枝上不再着生永久性的分枝，即小主枝只有一条永久性的轴，其上分布的是结果枝组。在高密度果园，甚至只有中心干一个骨干枝是永久性的，其上不保留永久性的主枝，所有分枝皆为细长、没有大分枝的临时性结果枝组。这种枝组配备方式灵活性高，容易更新。

69. 细长纺锤形如何整形？

（1）**树体结构** 主干较高，60～70厘米，中心干直立挺拔，中心干上均匀配置15～25个小主枝，主枝不分层，不留侧枝，单轴延伸，直接着生结果枝组。主枝基角大，为80°～90°，高密度果园甚至下垂至120°。下部主枝长在1.5～2.5米，上部主枝较短。各类轴间从属关系分明，差异明显，各为其母枝的1/3～1/2，过粗时及时压缩控制。

细长纺锤形树体紧凑，树冠开张，生长势缓和，结构合理，通风透光良好，管理方便，适于密植，结果早，色泽艳，品质优，树势稳定。

（2）**整形要点** 采用纺锤形整形的要求苗木健壮，高1.5米左右，定干80～100厘米。树体萌芽前在剪口下30厘米枝段内按所需发枝方位芽上双重刻伤，促发长枝，以选作主枝；萌芽后抹除第一芽以下的3～5个芽，使发出的新梢与第一芽发出的延长头拉开距离，此即"高定干，低刻芽"。新植苗木刻芽后要套塑膜套，以防虫伤和失水。

若当年可发出 5 个以上旺梢，新梢基部半木质化时用两头尖的竹质牙签开角。当年 8 月，将中心干延长头以外的所有侧生梢拉枝开角，保持中心延长头直立旺盛；若栽植当年只发出不到 5 个新梢，则不宜留作主枝，生长季不做其他修剪，来年春季疏除中心干上所有侧生枝，重新促发数量较多的侧生枝，即栽植后第二年全部"剃光杆"。顶端优势较弱的品种和砧穗组合，甚至需要剃两年"光杆"。只有这样，才能保证中心干绝对的长势，使树体长得高，并发生足够数量的小型主枝。

栽植第二年初，对中心干延长头留 60 厘米左右短截，留顶端一个芽，抹除下部 20 厘米范围内的芽，拉开距离，促发分枝（亦可结合刻芽），一般 2～3 年可使树高达到 3.5 米左右，主枝已选够，树势已缓和。选定的主枝冬剪时不短截，留先端芽，抹除临近 15 厘米左右范围内的芽，在其后部刻两侧的芽促生分枝，新梢生长至 30 厘米左右时摘心，以作枝组培养。3 年可见果，4～5 年丰产。

栽植后第三年和第四年继续保留小主枝延长头上第一芽单轴延伸，抹除其下 3～5 个芽，控制竞争枝。拉枝时除考虑主枝与中心干的夹角外，还要考虑延长头的延伸方向，防止同一方向距离太近。

5年后进入盛果期，修剪的主要任务变为调整生长与结果的关系，及时控制竞争枝、控制各骨干枝间的从属关系，过粗的主枝及时压缩控制，过长的弱枝回缩复壮。枝组在主枝上分布不可过密，一般1延长米10个左右，以小型细长枝组为宜。

70. 如何进行刻芽促发分枝？

刻芽即在芽的上方或下方切断韧皮部，促进芽萌发。春、夏、秋三季均可刻芽，但方法有区别。

（1）**春季刻芽** 春季刻芽适宜的时间为芽萌动后芽尖露绿时进行，此时树液已经流动，芽眼易萌发。用小钢锯在一年生枝芽眼上方0.5～1厘米处横锯一道（芽前刻），切断韧皮部，深达木质部。如果要促进芽眼萌发成强旺新梢，可以刻两道，两道之间间隔0.5厘米，刻得深一些，伤及木质部。在中心干上缺枝的部位进行刻芽促发旺枝时即是如此操作。

(2) **夏季刻芽** 个别时候可以对缺枝部位进行夏季刻芽，在秋梢要旺长时进行。在多年生枝缺少大枝的部位选择叶丛枝或短枝，在其上方重刻一刀或两刀（枝前刻），一定要伤及木质部，可以促使叶丛枝或短枝萌发秋梢。此法只宜作为春季刻芽促发旺梢的补充，在春季刻芽萌发的梢不旺或漏刻的情况下采用。

(3) **秋季刻芽** 新梢停长后进行，可在芽眼或短枝下方 0.5～1 厘米处刻一刀（芽或枝后刻），截留由韧皮部下运的养分，使刻道以上的芽发育更充分，来年春季萌发，生长强旺。对于生长较旺的枝，也可在芽上方刻，也促进芽进一步分化，但由于新梢已经停长，芽不再萌发抽梢，第二年春季可以抽生较强旺的梢。

71. 修剪的时期有哪些？

传统的修剪时期分为休眠季节和生长季节。实际上，一年四季均可进行修剪。现代集约化矮化密植苹果园主张四季修剪。春季主要是短截、疏枝、抹芽、拉枝等，夏季主要是拉枝、疏梢、摘心等，秋季主要是疏梢、拉枝等，冬季相对较少，传统上在冬季进行的修剪工作延迟到开春再做，尤其在干旱和半干旱地区及冷凉地区应延迟到气温稳定在 0 ℃左右时进行，可以减少伤口失水、受冻，减少腐烂病发生。

72. 为什么特别强调生长季修剪？

在生长季苹果树各类生理活动旺盛，对各类修剪操作反应较为迅速而明显，容易通过树体的反应判断修剪措施的效果，可以对生长发育不正常的枝及时进行调整，避免"秋后算账"式的修剪造成的浪费。尤其通过对地上部的修剪操作，在调整枝叶花果的同时，对根系也会迅速造成的影响。因此，生长季修剪容易缓和树势，促进植株生长发育中庸健壮，促进早结果。

73. 生长季修剪都有哪些？

生长季修剪主要包括拉枝、抹芽、疏梢、摘

心、剪梢等。

生长季节拉枝容易操作，对改善光照、缓和树势几乎是立竿见影的效果。抹芽主要在春季进行，对于延长头先端顶芽附近的芽要及时抹除，避免形成竞争枝。修剪后剪锯口附近潜伏芽也容易萌发，应及时抹除，否则到秋季会长成强旺的徒长枝。抹芽对于调整枝条密度和生长发育情况效果很好。

夏、秋季对过于密集及具有竞争势头的强旺梢可以适当疏除，改善光照，扶持延长头，调整全枝生长势，使其均衡中庸。侧生的新梢可在梢长 30 厘米左右时摘心或 30～40 厘米时剪去先端 1/3，促发副梢，很多情况下副梢会形成部分花芽。

74. 生长季什么时期拉枝效果好？

生长季节拉枝枝条柔软，不易劈裂和折断，容易操作。主要的时期有短枝停长期、春梢停长期、秋梢停长期。这 3 个时期新梢停长，养分消耗减少，拉枝后有利于枝条养分积累，促进花芽分化，对于幼旺树、寡产树缓势促花效果显著。幼树期，预留骨干枝发生初期与中心干夹角较小，可在新梢达半木质化时用牙签支开基角，待新梢延伸到理想长度、生长速度放慢时再进行拉枝。

75. 为什么不要对结果枝组急于回缩？何时回缩为适宜时期？

矮化密植果园强调培养细长结构的结果枝组，这类枝组中庸健壮，生长与结果的关系协调，主要通过拉枝、缓放、抹芽、疏枝培养而成。如果急于回缩，势必打破原来协调的生长与结果的关系，促发强旺枝，破坏枝组的细长结构。

随着结果年限的延长，当枝组上已经不能发出10厘米左右中果枝，果台副梢十分细弱、只有顶芽发育，不能形成饱满侧芽时要及时回缩。回缩时要本着"宁晚勿早，宁轻勿重"的原则，适宜的时机是回缩后可以促发出中长果枝。生产实际中，尤其受到传统大树冠树形修剪方式的影响，往往对结果枝组回缩过早。

76. 苹果树不同树龄整形修剪的重点是什么?

整形修剪要按照动态的果园群体发展过程进行,使果园群体在一生中发挥最大的生产效能和经济效益。

(1) **幼龄果园促进树体建造** 进入盛果初期前的园子覆盖率低,株间空隙大,光照足,一般生长较旺,不易结果,因而要多留枝。保持中心干优势,以充分利用光照,加速群体建造过程,提早结果。

(2) **盛果初期至盛果期培养健壮结果枝组** 随植株建造日益完善,尤其封行后,果园光照状况易恶化,造成植株树冠内膛、下部枝生长衰弱,易枯死,致使产量、品质下降,此时应着眼于调控树冠大小,打开天窗,改善光照,因此要逐步减少外围枝量,控制树高,考虑落头,打开层间。

(3) **盛果后期更新维持枝组健壮** 植株开始衰老,小枝、枯枝增多,植株呈向心生长,此时应加强回缩更新，充分利用萌生的强旺枝，甚至位置不甚合理的徒长枝也应加以利用，及时培养新的骨干，以取代老的骨干。因此，凡健壮发育枝应多打头促长，老弱枝应多回缩、疏除。小主枝回缩时留 20～30 厘米，回缩到一个分枝上，不把伤口留在中心干上，这样避免疏除大枝对中心干造成伤害，进一步削弱树势。

77. 如何立架栽培？

矮化密植果园、细长纺锤形类树形等情况要求立支架，否则树体细高，根系细弱，分布浅，不抗风，大量结果后极易倒伏。尤其是有的矮化砧和品种或基砧结合部位愈合不牢固，大风极易刮折。

目前立架的架材主要有水泥柱和钢管，可根据实际情况选择。架材长度 3.5～4.0 米，埋入土中 0.5 米，倒水泥砂浆固定，间隔 10 米左右。架材行向拉线要和果树错开 15 厘米左右，以减少拉线磨伤枝条。立架两头埋设拉锚固定，架上拉 3 条 10$^{\#}$ 钢丝或 8$^{\#}$ 铁线，第一道离地面 50 厘米，架顶一道，中间再均匀拉一道。滴灌的支管可以绑在第一道线上。架材之间在每株树的位置牢固绑缚一根细竹竿，普通的架竿即可，引缚固定果树的中心干。

第六讲
良好的花果管理

78. 苹果何时开始花芽分化？

花芽分化是由营养生长向生殖发育转变的长期过程，一个芽从叶芽状态到完整的花芽，要经过叶芽期、花序分化期、花蕾形成期、萼片形成期、花瓣形成期、雄蕊形成期、雌蕊形成期等多个阶段。通俗意义上的花芽分化是指由叶芽的生理和组织状态转化为花芽的生理和组织状态的分化临界期，即生理分化期。主要的分化时期是在新梢封顶后，即中短枝停长有个较为集中的分化期；秋梢停长又有一个分化期，此期主要是副梢顶芽、长梢腋花芽分化。

79. 影响花芽分化的环境因素有哪些？

凡是影响植株生长发育的因素都会影响花芽

分化。主要的包括以下几个方面：

（1）**光照** 苹果树花芽分化需要较强光照，在花芽分化期间如遇 10 天以上阴雨，分化率会明显下降。以纺锤形为代表的小冠树形也是因为光照条件明显好于大冠树形，因此花芽多，早丰产。

（2）**温度** 苹果花芽分化的适温为 20 ℃左右（15～28 ℃），20 ℃以下分化缓慢。而较高的温度下，苹果可进行较为正常的花芽分化。

（3）**水分** 在花芽分化临界期之前短期适度控制水分（达 60％左右的田间持水量），抑制新梢生长，有利于光合产物的积累和花芽分化。控水可促进淀粉积累，从而促进花芽分化。但过度干旱的时候应灌水，否则影响花芽分化。

80. 如何促进花芽分化？

农业技术措施通过改善果树生长发育的环境条件，调控和平衡果树各器官之间的生长发育关系，从而达到控制花芽分化的目的，如通过园地选择、砧木选择、繁殖方式、整形修剪、疏花疏果、土肥水管理、生长调节剂应用等措施，可保证果树正常生长期发育和花芽分化。

生产上要促进植株花芽分化，一般从以下几个方面着手：

（1）**合理肥水** 均衡施肥，控制氮肥用量，适当控水，控制旺长。

（2）**合理修剪** 注重夏季修剪。通过刻芽促发较多的短枝，分散新梢生长势力；通过拉枝缓和枝梢生长势力，增加养分积累；通过摘心和剪梢，促进新梢缓长、发生副梢。

（3）**合理负载** 及时疏花疏果，减少幼嫩种子数量，降低赤霉素的合成，以节约养分。

（4）**应用生长调节剂** 通过 PBO 等抑制生长发育的调节剂的应用，缓和新梢长势，促进花芽分化。

81. 提高坐果率的措施有哪些？

要从多个角度下手，提高坐果率。

（1）**营养调节** 首先要加强头一年夏秋季的管理，保护叶片不受病虫危害；合理负担，及时施肥，提高树体营养贮备水平，保证花芽健壮饱满。

其次要调节春季营养的分配，均衡树势，不使枝叶旺长，必要时采取控梢措施（如摘心等），花量大时疏花。幼旺树花期环剥、环割，可增强营养，提高坐果。

同时注意补施肥水，如萌动前用尿素"打干枝"，花期前后喷尿素、硼砂等。根据土壤墒情灌水，春旱地区一般开花前灌水可提高坐果率。无法灌水的，可盖地膜或地面覆盖等保墒。

设法提高根系活力，保证萌芽开花物候期正常进行。改善光照条件，合理夏剪。

（2）保证授粉受精

① 合理配置授粉树。

② 果园放蜂。每50～60亩1箱蜜蜂，需1万～1.5万只蜂。

提倡放壁蜂。壁蜂作为果树的有效传粉昆虫，已在国内外得到了广泛的应用。目前在我国果树生产中已应用的壁蜂有5种：凹唇壁蜂、紫壁蜂、角额壁蜂、壮壁蜂和叉壁蜂，其中，凹唇壁蜂是北方果园的主要传粉昆虫。放蜂量必须根据果园面积和历年结果状况而定，盛果期的苹果树每亩放蜂 200~250 只，初果期的幼龄果园及结果小年，放 100~150 头壁蜂。历年坐果率较高的果园或结果大年果园，每亩放 60 头蜂，以提高果品质量。

③ 人工辅助授粉，最好采用点授的方式，这样可以使苹果树结果均匀。

（3）**应用生长调节剂**　如赤霉素等可以提高坐果率。

（4）**防风防霜**　营造适宜的小气候，设置防护林、架设防风网、防霜风扇等，花期遇低温果园喷雾也可防止霜冻。

82. 花期遇雨、大风、高温、低温天气对坐果有哪些影响？

开花授粉、受精坐果是个十分复杂的过程，对环境条件的要求很严格。花期如果遇到不良的天气条件，会严重影响整个过程的顺利进行。

（1）**温度**　温度是影响授粉受精的重要因子。它影响花粉发芽和花粉管生长。温度还影响传粉昆虫活动，如蜜蜂 15 ℃以上、壁蜂 12 ℃以上才能活跃访花。

（2）**风速** 花期刮大风，尤其是温度在 25 ℃以上的干热风，柱头极易干燥失水，花粉不萌发，昆虫也不活动。微风利于传粉。

（3）**水分与空气温度** 花期阴雨，不利传粉，花粉很快失活。阴雨天昆虫常不活动。但过于干燥的情况下（如花期与干热风），果园喷水可提高坐果率。

（4）**空气污染与沙尘暴** 空气污染会影响花粉发芽和花粉管生长，城市郊区、交通干线、矿区附近果园存在这样的问题。

近年来，花期扬沙和沙尘暴也经常成为影响坐果的重要因子。这方面农业措施无法解决，只能是从大的生态环境的改善着眼。

83. 如何确定适宜的结果量？

（1）**合理负载的含义** 传统上强调产量，现代果树生产强调品质，即在优质的前提下，实现连年丰产（而非高产）。

（2）**确定合理负载的依据** 合理负载的根本依据是养分、水分等物质供应与果树生长发育之间的平衡，具体地讲可以根据如下来确定：

① 树干横截面积。树干的横截面积代表了养分和水分的输导能力，适宜的留果标准为3～4果/厘米² 树干横截面积。

② 叶果比。每个果实的生长发育需要一定数量的叶片进行光合产物的供应，一般乔化树30～40片叶/果，矮化树25～30片叶/果。

③ 梢果比。新梢数量和叶片数密切相关，4～5个新梢/果。

④ 间隔距离。大型果间距25～30厘米，也可保证果实发育有足够的叶片供应养分。该方法较为简便，但要求树势均衡稳定，各个部位的枝条花芽分化良好。

84. 如何疏花疏果？

（1）**人工疏花疏果** 先在冬剪时根据预计留花量合理选留花芽，去掉弱、病、密及位置不合适的花芽。冬季气候条件比较恶劣的地区，花芽经常遭受冻害，不宜疏花芽，应在花序分离期再根据花芽情况决定是否疏除。

盛花初期，每花序选留先开的 2～3 朵花，其余去掉。

花后两周果坐稳后即可疏果，每枝条 20～30 厘米留 1 花序，每序选留最大的 1 个果，小果类型可留双果，小年树可留双果，病虫果、畸形果一律去掉。

果在树冠各个部位要合理分布，一般来讲，骨干枝延长头先端 50 厘米不留果，尤其是中心干延长头附近的花果一定要疏除。

疏果时，要从树冠上部往下进行，以免碰伤选留的果。用疏果剪剪掉花蕾、幼果即可，保留果柄，让其自行产生离层脱落，不要直接拽下，以免在幼嫩果台上造成伤口，引起留下的花果脱落。要保护叶片、小枝，不要使其损伤。

（2）化学疏花疏果 化学疏花疏果是利用化学药剂在花期或幼果期喷布，使部分花、幼果脱落来达到调整树体负担的目的。该种方法具有省工省力的优点，过去在劳动力缺乏的国家采用较多，近年来随着我国劳动力成本的迅速增加，化学疏花疏果技术也日益受到业内人员的重视。

但化学药剂疏花疏果要求一定的条件，疏除效果易受树势、花果量、环境条件等多种因子影响，因此适宜疏除量难以保证，而这方面我国果园又恰恰存在问题很多。

疏花疏果药剂很多，疏除效果比较稳定的药剂有以下几种：

(1) **西维因** 喷后先进入维管束，堵塞物质运输，使幼果营养物质供应中断而脱落。因其在树体内移动性差，要直接喷到果实、果梗上。适宜浓度及时期较宽，在盛花后 14～21 天用 0.006%～0.3%都有效。对果实及枝叶生长无不良作用。

(2) **石硫合剂** 其疏果机制在于阻碍受精。花期喷于柱头上，能抑制花粉萌发及花粉管伸长，花不能受精而脱落。一般在苹果中心花已开放 3 天，边花正开时以 0.2～0.4 波美度喷布效果最好。此药剂药效稳定，安全性高，且所留花为先开的花，质量高，果实发育好。但因喷布时期较严格，需准确掌握开花情况方可。

（3）**二硝基邻甲酚** 是一种触杀剂，可以灼伤柱头、花粉等，使花不能受精而脱落。对已受精坐果者则不再有疏除作用。一般盛花期开始 3 天后方可使用，常用浓度为 0.05％～0.08％。若喷药后阴天，湿度大或降雨，会疏除过量。

（4）**萘乙酸和萘乙酸钠** 可促进乙烯形成，从而引起幼果脱落。一般从落瓣期到落花后 2～3 周都可使用，但延后使用效果较差。一般使用浓度：萘乙酸 $2×10^{-6}～5×10^{-6}$，萘乙酸钠 $1.7×10^{-5}～3.5×10^{-5}$。一般来讲，萘乙酸钠效果稳定，不会疏除过多。

（5）**乙烯利** 乙烯利可以释放乙烯，引起幼果脱落。疏花或疏果的使用浓度为每 100 千克水中加入 40％乙烯利水剂 75～125 克搅拌后喷布，应随配随喷，以在花蕾膨大期喷布疏花效果为好。但应用乙烯利疏花疏果后果实偏扁。

（6）**蚁酸钙** 蚁酸钙能够抑制花粉萌发，杀伤柱头，阻碍授粉受精，对开放但还没有授粉受精的花有疏除作用，而对未开放的花和幼果没有疏除作用，在 5％中心花盛开后第三天喷施 10

克/升的蚁酸钙，有良好的疏花效果。

85. 如何通过栽培措施提高果实商品性？

俗话说"货卖一张皮"，说明外观品质是重要的商品性状。苹果的外观可以通过栽培技术措施加以提高。

（1）**良好的土肥水管理**　良好的土肥水管理是保证树体中庸健壮的根本，是生产优质果品的基础。只有肥水充足、合理，果实的典型外观才会表现出来。

（2）**合理的树形**　合理的树形能够保证良好的光照条件，是生产优质果品的保证。

（3）**利用下垂枝结果**　下垂枝的果一般发育比较周正，因此应重视培养下垂枝组。

（4）**保证授粉受精**　通过合理配置授粉树、果园放蜂、人工辅助授粉、花期喷硼等多项措施，确保充分授粉受精，方可保证果实发育充分、果形周正。

（5）**及时疏花疏果，合理负载**　及时疏花疏果，合理负载可以保证果实充分发育，表现出品种的典型性状。

（6）**果实套袋** 套袋可以使果皮细腻、光滑，着色鲜艳，光洁度高。

（7）**摘叶转果** 摘叶转果可使果实受光均匀，避免出现果面着色不均匀的"阴阳果"。

（8）**铺反光膜** 摘袋后在树下铺设反光膜，可促进下层果、果实下部萼洼周围等不易见光部位着色。

（9）**果实贴字** 通过贴字可以生产艺术果、礼品果，提升其商品性。

86. 套袋前要打几遍药？主要打哪些种类的药？

套袋前 1～2 天全园喷一遍广谱性的杀菌剂和杀虫剂，可以有效地防治烂果病、棉铃虫、蚜螨类等病虫的危害。药剂可选喷 70％甲基硫菌灵 800 倍液、90％万灵乳油 3 000 倍液等，并应加强钙肥喷施。不要用有机磷和波尔多液、代森锰锌等刺激性药，防止产生果锈。

87. **苹果袋有何质量要求？**

苹果育果袋的纸张一是应具有强度大、风吹雨淋不变形和不破碎等特点；二是，要具有较强的透气度，避免袋内湿度过大、温度过高。另外，果实袋外表颜色要浅，反射光照较多，这样温度不至过高，或升温过快，同时应采用防水胶处理。

苹果育果袋的种类很多，袋的遮光性愈强，促进着色的效果愈显著，双层纸袋一般比单层纸袋遮光性强，故促进着色的效果要好于单层袋，防病虫及降低果实农药残留量的效果也好于单层袋。

（1）双层纸袋　双层袋由两个袋组合而成，即外袋和内袋。外袋是双色纸，外侧主要是灰色、褐色、黄色等颜色，内侧为黑色；这样外袋起到隔绝阳光的作用，果皮叶绿素的合成被抑制，套在袋内的果实果皮叶绿素含量极低。内袋由蜡纸制成，主要为红色。

（2）单层纸袋　单层纸袋目前生产中应用也较多，主要用于新红星、乔纳金等较易着色品种和金冠等绿（黄）色品种，以防止果锈、提高果面光洁度为主要目的。单层袋主要有外侧灰色、内侧黑色单层袋（复合纸袋），木浆纸原色单层袋和黄色涂蜡单层袋等。

88. 什么时间套袋？

苹果套袋时期应选择在花后 35～45 天进行，10 天内完成。一天中套袋时间应在早晨露水已干、果实不附着水滴或药滴时进行，一般在 9:00～12:00 和 15:00～19:00 进行，避开中午强光时段和雨天，阴天套袋时间前后可适当延长。

89. 如何套袋？

套袋前 3～5 天将整捆果袋放于潮湿处，使之返潮、柔韧。

选定幼果后，左手托住果袋，右手撑开袋口，令袋体膨起，使袋底两角的通气放水孔张开。

手执袋口下 2～3 厘米处，袋口向上或向下，套入幼果，使果柄置于袋的开口基部（勿将叶片和枝条装入果袋内），然后从袋口两侧依次按折扇方式折叠袋口于切口处，将捆扎丝扎紧袋口于折叠处，于线口上方从连接点处撕开将捆扎丝翻转 90°，沿袋口旋转 1 周扎紧袋口，使幼果处于袋体中央，在袋内悬空、以防止袋体摩擦果面。

套袋时用力方向要始终向上，以免拉掉幼果，用力宜轻，尽量不碰触幼果，袋口也要扎紧，但不能捏伤或挤压伤果柄，袋口尽量向下或斜向下，以免害虫爬入袋内危害果实，防止药液、雨水浸入果袋内和防止果袋被风吹落。不要将捆扎丝缠在果柄或果台枝上。

套袋顺序为自上而下、先里后外。果袋涂有农药，套袋结束后应及时洗手。

90. 如何除（摘）袋?

（1）**除袋时期** 除袋时期依果袋种类、苹果品种不同而有较大差别，苹果黄绿色品种套单层纸袋的，可在采收时除袋；红色品种套单层纸袋的，于采收前 30 天左右，将袋体撕开呈伞形，罩于果上防止日光直射果面，7~10 天后将全袋除去；红色品种套双层纸袋的，于果实采收前 10~20 天，先除外袋，外袋除去后经 4~5 个晴天（阴天需扣除）再除去内袋。

除袋时间宜在晴天的 9：00~12：00 和 15：00~19：00 进行，避开早晚低温、中午强光时段和雨天。

(2) **除袋方法** 除双层纸袋时应用左手托住果实，右手将 V 形铁丝扳直，解开袋口，然后用左手捏住袋上口，右手将外袋轻轻拉下，保留内层袋，使内层袋靠果实的支撑附在果实上。

91. 如何进行果实贴字生产艺术果品？

艺术苹果是指一些带有漂亮的图案或喜庆吉祥文字的红色苹果，这类苹果附加了果业的文化韵味，拓展了苹果销路，增强了市场竞争力，备受消费者青睐和好评，经济效益也成倍增长。

(1) **贴纸的选择** 选用一面带胶一面不带胶

的两层透明膜合成的"即时贴"纸，在"即时贴"上用正楷或艺术字印上黑色的吉祥语或画上图案，1字1贴也可，4字1贴也可，一般4字组合者宜用4字1贴，便于带字果的装箱、配对。一般每贴大小为4厘米×6厘米。

（2）**果实的选择** 宜选择大果型、品质优良的红色品种，如元帅系品种、红富士系品种等。在树势健壮、光照良好的红色品种树上，选着生部位好、果形端正、摘袋后果面光洁的大果，注意选果应相对集中，以利贴字图和采收。

（3）**贴字时间及方法** 在贴字时将需贴字的果面灰尘擦干净后再贴，贴纸最好贴于向阳果面的胴部。贴字时，揭下"即时贴"，一手抓果，一手贴字，将"即时贴"平展地贴于果面，尽量减少"即时贴"皱折而影响贴字效果，同时要求"即时贴"均匀地粘在果面上，不可有空隙，否则贴字效果不好，而且"即时贴"易脱落。操作过程要轻拿轻放，以防碰落果实。

（4）**贴字后的管理** 贴字后，适当摘除果实周围5～10厘米范围枝梢基部的遮光叶，增加果面受光；当向阳面着色鲜艳时转果，转果时捏住果柄基部，右手握着果实，将阴面转到阳面，使其着色。

92. 如何防止果实日烧（灼）病？

实践证明，日烧病的发生及轻重与果袋的种类、套袋时间、套袋部位、摘袋时期、摘袋时间及果园树体情况等多个因素有关。套袋时间早、套袋部位为树冠外围背上枝梢果、摘袋时间早、果园干旱、树势弱的套袋树等的套袋果发生日烧严重，双层袋一般比单层袋的果实发生日灼轻。

为避免日烧病的严重发生，一是选用适宜的优质果袋，在干旱地区不用蜡层过厚纸袋。二是掌握好套、摘袋时间及摘套袋部位（如前所述）。三是在特殊的干旱年份，套袋时期可推迟至 7 月上旬，以避开初夏高温。四是加强果园肥水管理，保证树体健壮。套袋前后果园各浇 1 遍水，以保持墒情，提高果实微域环境湿度；除袋前 2～3 天一定要灌 1 次水，山岭薄地尤其要注意除袋前的水分供应。五是彻底改变清耕制土壤管理制度，全面实行生草制。实践证明，实行生草制后，果园地面良好的草被可以为果树根系创造一个稳定、协调的生活环境，细根活性强、功能稳定，果实日烧很少发生。

93. 当前条件下不套袋生产有何技术风险？

从我国目前苹果生产的技术体系和产业从业人员的技术素质看，果实套袋在一定时间内还是一项必需的技术措施。但随着用工成本的迅速增加，套袋成本已经成为生产成本的主要组成部分，而且，随着劳动力结构的迅速变化，农村从事农业生产的人口迅速减少，尤其青壮年劳力几乎没有有效补充，必将出现无工可用的状况。因此，无袋栽培是将来的必然方向，果树生产发达国家已经走到了这个阶段。

目前，如果简单地由套袋栽培改为无袋栽培，果品质量难以满足市场要求，病虫害防控成本增加，农药残留风险加大，势必降低果农收益。

94. 如何转果与垫果?

(1) **转果** 目的是使果实的阴面也能获得阳光直射而使果面全面着色,转果时期在摘袋 15 天左右进行(即阳面上足色后),用改变枝条位置和果实方向的方法,将果实阴面转向阳面使之充分受光,转果根据情况进行 2～3 次,转果时幅度要小,旋转果实使遮阴处见光即可,不可旋转幅度过大致果实脱落。转果时间掌握在上午 10 时前和下午 4 时后进行,以防发生日烧病。

(2) **垫果** 为了防止摘袋后果面与枝叶接触出现磨伤,利用摘下来的纸袋,把果面靠近树枝的部位垫好,这样可防止刮风造成的果面磨伤,影响果品外观质量。也可用专门的果垫,一面有不干胶,应用十分方便。

95. 如何摘叶、转叶?

摘叶就是在采收前一段时间,把树冠中那些遮挡果面、影响果实着色的叶片摘除,以增加全树透光量，避免果实局部绿斑，促进果实均匀着色。方法是将那些遮挡果面的叶片从叶柄处剪断，不要从叶柄基部扳下叶片，以免损伤母枝的芽体。树冠中下部和内膛叶先摘，树冠上部后摘。摘叶时尽量先摘遮光的薄叶、黄叶、小叶等功能低下的叶片，后摘影响果实光照的叶柄无红色的叶和秋梢上的叶。转叶就是在采前将直接遮挡果面的叶片扭转到果实侧面或背面，使其不再遮挡果面。大多数苹果品种的适宜摘叶期为采前25 天左右，即在果实快速着色期进行。

一般来说，采前摘叶量愈大，果实着色愈好，但同时对树体有机营养的合成和积累的负效应也愈大，因此，摘叶量要适度，使果实都能见光，但又不影响植株光合作用，并且分期摘除，一次摘叶不要过多，以免果面产生日烧。生产实践表明，总摘叶量不要超过 15%。

96. 如何确定合理的采收时间？

采收期的确定，首先根据市场需求及销售价格。有时在果实成熟前，大量客商为抢占市场提前到产地收购果品。在这种情况下，根据上年市场分析和当年行情预测，觉得可以获得好收益，就应抢时采收销售。有时客商要求果实完全成熟时收购，这就须根据签订的合同要求，适当晚采。

97. 延迟采收对品质有何影响？

适当延迟采收时间，可以显著促进果实含糖量提高。延期采收延长了叶片供应果实碳水化合物的时间，而且也随着后期温差加大，果实糖分转化活跃，品质上乘。但晚采果实硬度下降，不利于长期贮藏。

98. 采摘前要做哪些准备？

采摘前要做好充分的准备工作，包括库房清扫、灭菌消毒、冷库设备检修调试，用具准备，人员组织与培训。作为果园的管理者要提前调研、密切关注并预测市场，制定出采收计划，做到心中有数，确保采摘过程有条不紊。

99. 如何采摘?

一个苹果从开春的修剪选定花芽开始到采摘要经历近 30 个技术环节,采摘不慎,极易前功尽弃。目前,不论是发达国家还是发展中国家,鲜食果品仍是手工采摘。采摘时必须使用采摘筐等专用工具,将采下的苹果装入周转箱,运往分级包装场地。

若一次性采收,采摘的顺序是先下后上,由外而内。

采摘的时间以气温较低的早晨较好。采收过程中要轻拿轻放,防止机械损伤。为提高优质果率,最好采取分期采收,即对果园的果实采收分 2~3 次进行。首次,主要采收树冠外围、上部果个大、着色好的果实;1 周左右后再采摘树冠内膛、中下部的着色较好的果实。分期采摘时,要注意不要碰伤或碰掉留在树上的果实,若有高架作业平台则较为理想。

由于套袋果果皮较薄嫩,在采收搬运过程中,尽量减轻碰、压、刺、划伤,尽量少倒筐。

100. 采摘后的果实如何处理？

采后短期存放的苹果一定要遮阴，严禁曝晒；防雨，淋雨后不得入库；防止伤热，保持通风，避免高温时间采摘后堆大堆，果堆厚度不应超过50厘米，白天盖遮阳网，晚上揭开散热；防止污染，避免暴露在粉尘、污物等场所；防止鼠害。采后的果应尽快分级、装箱入库。

发达国家苹果的采后处理已全部实现机械化。世界主要苹果出口国对苹果采收时期、分级标准、包装规格等采后环节的技术问题都进行系统研究，制订了与国际标准接轨的质量分级标准和方法，实现了果品生产规格的标准化。发达国家已全面实行气调冷藏，并通过冷链系统运销，实现了鲜果的季产年销，周年供应。

我国也越来越重视产后处理，目前一些企业、大的合作社果品采后处理机械化程度也日益提高，采后入库时间缩短，冷藏能力迅速提升。

第七讲
自然灾害和主要
病虫害的综合防控

101. 如何防止枝干日烧？

枝干日烧又称枝干日灼，主要发生在冬春季。白天气温较高，枝干向阳面解冻，夜间气温低，又冻结。反复的冻融交替引起韧皮部坏死。发生的部位主要在树干的西南面、大枝的向阳面。

防止枝干日烧的主要方法就是枝干涂白，亦可包草、棉毡等。在整形时也可以有意识地在西南方向多留些枝，遮挡冬日阳光。

102. 涂白剂有哪些？如何进行枝干涂白？

利用石灰液将树干涂白，可有效防止日烧，

管理精细的园子，甚至连大枝也涂白，效果很好。

最常用的涂白剂的配方为：水∶生石灰∶动物油脂∶石硫合剂原液∶食盐＝18∶6∶0.1∶1∶1。

配制方法：先用少量的水将生石灰溶化，将动物油脂加热融化后倒入石灰水中，充分搅匀。再加入水，制成石灰乳，最后加入石硫合剂原液和食盐水，搅匀即可使用。所用石灰必须是块状生石灰，加水乳化后形成的石灰乳，涂于树体后附着力强，经越冬不易脱落。粉状的熟石灰作为果树越冬的涂白剂，涂在树体上极易脱落，起不到防止日灼的作用。生产实践中也有用建筑用的外墙涂料对水 20 倍涂白的，效果也很好。

涂白在秋季果树落叶后即可进行，上冻前完成。若为防止大青叶蝉产卵，要在初霜前涂。涂布时自上而下进行，要涂得均匀，尤其枝杈夹角处、伤口部位、树干基部更要仔细涂。

103. 如何防止幼树越冬抽条？

幼树冻旱抽条是果园休眠期经常发生的一种

生理障碍，发生在冬末春初气温回升、风较大，但地温尚低的 2～3 月。主要的原因是地上部枝梢蒸腾失水与根系吸水不平衡。尤其大肥大水或秋季雨水较多时幼树生长旺盛，枝梢组织较疏松，保水性差，这种水分失衡的矛盾更为突出。

防止幼树越冬抽条要从多方面下手：

（1）**促进新梢及时停长**　防止冻旱抽条最根本的是加强栽培管理，使植株生长发育健壮，组织充实。生长季前期加强肥水管理，促进枝梢迅速健壮生长，8 月底至 9 月初用 30 倍的 PP333 蘸尖使新梢停长，也可喷布 200 倍 PBO，提高枝条成熟度。

（2）**喷保水剂**　落叶后和春季二三月气温开始回升时喷保水剂。保水剂可购买市售的各类产品，亦可自己熬制。具体方法是 100 克肥皂剁碎，溶于 5 千克热水中，在锅中烧开，加入 300 克左右的猪油，烧开，充分皂化，呈牛奶状，将水加至 25 千克，烧开，冷却至 60～70 ℃时即可装入喷雾器，要迅速、高压喷雾，否则易凝固堵塞喷头。这些液体可喷 200～300 株 1～2 年生幼树。枝条上的一层油一直到翌春萌芽开花期间仍然不掉，并可吸附大量尘土，防止抽条效果极佳。

(3) **撸猪肉皮** 对于1～2年生幼树的长旺条子，最简便的方法是用猪肉皮撸一下，让其黏附一层油，防抽条效果很好。

值得注意的是，在利用动物油脂作保水剂涂在枝条上防抽干时，油脂必须纯净，且要涂薄薄的一层，不可过多、过厚。否则，太阳一晒，油脂融化，过多油脂或有害物质渗进皮孔和叶柄痕，引起组织坏死，造成死枝，甚至整株树枯死。

(4) **防止大青叶蝉、蚱蝉产卵** 及时防治大青叶蝉、蚱蝉等在枝干上产卵的害虫，防止枝条造成大量伤口，也可有效防止抽条。

(5) **营造防风林，防风御寒，改变小气候**
果园四周营造完善的防护林，改变果园气候条件。在幼树西北侧距干20～30厘米培60～70厘米的半圆形月牙土埂，给植株根部造成一个向阳温暖的小气候环境，它能缩短树盘土壤冻结时间，升高树盘土温，提早树盘解冻，及时补充植株蒸腾失水，从而减轻冻旱的不良影响。

104. 如何防止（减轻）晚霜危害？遭受晚霜后如何管理？

（1）**晚霜危害的症状** 花蕾期和花期霜冻，轻者花朵照常开放，雌蕊受冻，重则雄蕊受冻，花瓣变色脱落。幼果受冻，多为畸形，甚至落果。

（2）**晚霜的预防**

① 熏烟增温。用秸秆、野草、落叶等作燃料，中间加以潮湿野草，外盖一层薄土，每亩3～4堆，凌晨2时后气温降到2℃时，霜冻发生前点燃；也可使用硝酸铵20％＋锯末60％＋废柴油10％＋细烟粉10％配制而成的烟雾剂防霜。在预报有霜时，将烟剂放入铁筒内，下霜前在上风头点燃，可提高1～1.5℃的温度。

② 喷水和灌水。下霜前往果树上喷水，水在树上遇冷结冰，放出热量并增加湿度，减轻霜害。

③ 推迟花期。早春树冠喷白，可延迟萌芽和开花，以躲过霜冻。早春喷萘乙酸钾盐250毫

克/千克水或青鲜素 500～2 000 毫克/千克, 也可抑制芽的萌动。

④ 加强综合栽培管理技术。增强树势, 提高抗寒霜能力。

(3) 遭受霜害后的果园的管理 对已造成灾害的果园, 要进行花期放蜂和人工辅助授粉, 对晚开的花, 提高坐果率, 以保证当年的产量。

105. 如何防止旱害? 遭受旱害后如何管理?

集约化的矮砧果园一定要有灌溉条件, 否则由于矮化树根系浅, 抗旱能力低, 一旦遭遇干旱, 会对树体造成严重伤害。

果园覆盖、生草等也可以提高果园的抗旱性。定植前挖较深的栽植穴(沟), 促进根系下扎, 也可以提高果树的抗旱性。

果园遭受旱害后及时灌水是解决问题的最佳办法, 但不宜立刻大水漫灌, 应是小水分次灌溉, 以免引起根系窒息, 导致落叶, 而落叶后再萌发会引起补偿性徒长。

106. 如何防止涝害？遭受涝害后如何管理？

雨水过量，会使低洼、黏土地、排水不良果园积水，长时间涝灾会使根系发生缺氧呼吸，产生过多的有害物质、消耗养分，造成细根枯死，早期落叶、落果、裂果。

涝灾发生后，要马上排出积水，翻土晾墒；加强树体保护，做好防寒工作以利越冬。

低洼地、黏土地应起垄栽培，沿行向起宽1.5～2 米、高 10～30 厘米的垄，呈中间略高、两侧略低的拱形。起垄后保证嫁接口与地面平齐（矮化中间砧植株中间砧与基砧嫁接口埋入土中10 厘米）。

107. 如何防止风害？遭受风害后如何管理？

要防止风害，建园选址要避免在风口地带，建园前营造完善的防护林体系。矮化密植果园立架栽培。

果树遭受风害后枝干摇晃，根颈部位容易出现空隙，尤其降雨的时候有大风更是如此，此时不要用湿黏的土填充树干四周的缝隙，容易导致根颈窒息，应该用干爽的沙土填充，等雨后土壤干爽后再将树扶直，拉线或绑支柱固定。

108. 如何防止雹灾？遭受雹灾后如何管理？

我国北方尤其内陆山地常有冰雹发生，冰雹对树体伤害很大，轻者削弱树势，造成减产；重者损伤树干、枝叶，影响下年产量。冰雹在树体上造成大量伤口，还会引起其他病害的发生。

预防雹灾的根本途径是识雹云，用防雹炮弹驱散雹云，化雹为雨，减轻危害。及时套袋，防止套袋前冰雹伤果。雹灾过后，对雹伤严重的果实及时摘除，对断枝及早修剪，打杀菌剂严格控制病害的发生。加强肥水管理，恢复树势，为下年增产打好基础。

有条件的果园架设防雹网，市场上有多种材质和规格的防雹网可供选择。

109. 如何防治苹果枝干病害？

苹果树的枝干病害种类很多，目前对我国苹果生产威胁最大的顽疾有腐烂病、干腐病、轮纹病。

苹果腐烂病和苹果干腐病同是弱寄生真菌侵染所致病害，均具有潜伏侵染特性。树势健壮抗病力强时，病菌呈潜伏状态，不能扩展致病；一旦树势衰弱抗病力下降，潜伏病菌便迅速扩展致病。在冬季严寒发生冻害年份，苹果腐烂病会大发生，而冬春严重干旱年份则会引起干腐病的大发生。冬春降水稀少地区和年份，土壤含水量较低，果树处于干旱或半干旱状态，抗病力下降，易导致干腐病严重发生，尤其是多年连续高产、树势偏弱且无灌溉条件的果园或栽培管理粗放、肥水不足、树势明显衰弱的果园，发病更为严重。

防治苹果腐烂病和干腐病的根本措施是加强果园管理，搞好深翻扩穴，改良土壤，增施有机肥，果园生草，埋压绿肥，科学施用化肥，控制产量、合理负担，增强树势，提高树体自身的抗病能力。已经发病的树，防治两病首先是治疗病斑，防止病斑迅速扩大和病变组织向深层发展。对病变组织已经腐烂到木质部的病斑，采取刮治的方法，彻底刮净病变腐烂组织后涂刷消毒剂。防治苹果腐烂病、干腐病常用以下方法：一是对病变组织仅限于表层、尚未深达木质部的病斑，采取割道涂药的方法。在病斑上割道要沿树干上下纵向切割，切口间距5毫米，深达木质部，割道范围要超过病斑周缘1厘米，然后涂刷消毒剂。消毒剂可选用40%氟硅唑乳油300～500倍液，43%戊唑醇悬浮剂300～500倍液，45%代森铵水剂50～100倍液，1.8%辛菌胺醋酸盐水剂10～20倍液。在上述药液中混加渗透剂有机硅1 500～2 000倍液，可促进药剂的渗透及吸收。为防止病斑重犯，在夏季再涂刷一次消毒剂，然后涂刷辛菌胺涂抹膏剂保护伤口。二是药剂涂干。在5月、7～8月，选用上述消毒剂对果树的主干、中心干和大枝基部涂刷处理，涂药前尽可能刮除枝干老翘皮和浅层褐变组织，以便于杀灭潜伏在树皮浅层组织和死伤组织内的病菌。三是在果树萌芽前对大的剪锯口涂刷上述消毒剂，阻止病菌从伤口侵入。四是病斑桥接。对难以愈合的大病斑进行桥接，加强营养输送，以利恢复树势。五是树干涂白，减少因昼夜温差过大而产生日灼伤和冻伤，可以显著减少干腐病和腐烂病的发生。

枝干轮纹病在土壤酸化明显的园子发生较重，夏季多雨潮湿的地区也易发生，尤其富士系品种，该病更是严重。防治的根本措施是加强土壤管理，增施有机肥，实行生草制，酸化明显的园子施用石灰、贝壳粉等改良。药剂防治主要是在仔细刮除老翘皮的基础上，涂杀菌剂，目前生产上有多种杀菌剂可以选择。

枝干病害应以预防为主，加强栽培管理、提高树势是最根本的。一旦发病造成了伤口、病斑，即便是刮治及时，也会对枝干的输导组织造成伤害；而且病斑部位经常会成为病害复发的地方，一旦复发不易治疗。

110. 如何防治苹果叶片病害？

危害苹果叶片的病害主要是各种落叶病，除

做好预防、对症施药外，主要还应做好以下工作：

① 加强土壤管理，避免旱涝胁迫；全园实行生草、覆盖，避免根系分布区域土壤环境的剧烈波动；平衡施肥，避免出现缺素症或某些元素过量。这些方面都是为了避免叶片早衰，实际上，叶片的早期脱落，很多时候是因为新根死亡更新频繁导致的叶片衰老所致。

② 合理整形修剪，保证树体通风透光良好。

③ 合理负载，避免树体大量结果导致树体衰弱。

④ 雨季一定要喷施1～2次倍量式或多量式波尔多液保护叶片。

111. 如何防治苹果果实病害？

果实病害主要有轮纹病、炭疽病。这两种病虽然是在果实接近成熟时开始发病，但病菌通常是在幼果时期即侵入。

防治要点：①做好清园。刮除枝干粗皮，带出果园烧毁或深埋。全树进行药剂消毒，可选择喷施25%丙环唑6 000倍液，多菌灵悬乳剂400～

600 倍液，45％代森铵 400 倍液。②果实套袋。实践证明，规范地套袋可以有效减少这两种病害的发生。③药剂防治。不套袋果园，苹果谢花后7～10 天开始至果实成熟前半月，喷施 6～8 次杀菌剂，可选用的药剂有甲基硫菌灵、多菌灵、三唑类杀菌剂（如：丙环唑、戊唑醇、苯醚甲环唑、氟硅唑）、代森锰锌、波尔多液等，雨季注重波尔多液的施用。

112. **如何防治苹果叶片害虫？**

对苹果叶片威胁较大的害虫包括叶螨类、蚜虫类、卷叶蛾类、潜叶蛾类。

（1）**叶螨类** 苹果主要害螨有山楂叶螨、苹果全爪螨和二斑叶螨。山楂叶螨在各果区普遍发生，危害最重，苹果全爪螨在东北、胶东半岛和西北的山地果园与山楂叶螨混合发生，二斑叶螨则是近年来蔓延的新害螨。山楂叶螨在树皮下、干基土缝中越冬，花芽膨大期出蛰，落花后出蛰结束，主要在叶背面危害，被害处叶正面出现黄褐色斑点，螨多时出现结网，严重时叶片枯焦。苹果全爪螨以卵在短果枝果台和二年生以上的枝条的粗糙处越冬，雌成螨主要在叶正面危害，受害的叶片失绿，变成绿灰色，远处看和银叶病危害类似，若螨多在叶背面，不出现结网，一般不出现提前落叶。二斑叶螨主要在地面土缝中越冬，少数在树皮下越冬，开始在地面杂草、间作物上活动，近麦收时才开始上树危害。主要在叶背面危害，危害状和山楂叶螨相似，但结网少。

防治苹果害螨，首先是清除虫源，消灭山楂叶螨的越冬成螨或苹果全爪螨的越冬卵。在发芽前结合喷清园剂，加入 95％机油乳剂 50 倍液可防治越冬卵。生长季做好预测预报，当平均每叶活动成螨达到 2 头时，喷药防治。二斑叶螨前期主要在杂草和根蘖等低矮部位危害，可及时地面喷药防治，树上要注意检查内膛叶背。杀螨剂种类很多，可灵活选用，几种药剂交替使用。

果园实行生草制，可有效保护天敌，显著降低叶螨暴发的概率。

（2）**蚜虫类** 危害苹果的蚜虫主要为苹果黄蚜、瘤蚜，春季结合清园喷布石硫合剂，杀死越冬虫源。落花后根据蚜虫发生情况喷药防治。注意预测预报，在新梢旺长期及时喷药，新梢停长不再危害。

（3）**卷叶蛾类** 危害苹果的主要是苹小卷叶蛾，花后自开始卷叶起可用糖醋液或性诱剂诱杀卷叶蛾成虫。药剂防治可以在谢花期喷布灭幼脲3号或阿维菌素类。

（4）**潜叶蛾类** 危害苹果的潜叶蛾类主要有金纹细蛾、银纹细蛾。金纹细蛾每年发生5～6代，以蛹在落叶内越冬，苹果发芽时开始羽化，卵产在嫩叶叶背，幼虫孵化后直接蛀入表皮下取食叶肉，叶背表皮翘起呈白膜状。随幼虫长大，叶正面出现针眼网状斑，虫斑处皱缩。

防治方法：苹果谢花期开始用糖醋液或性诱剂诱杀潜叶蛾成虫，测报到成虫羽化高峰时，喷洒25%灭幼脲胶悬剂1 500倍液或5%杀铃脲乳油2 000倍液防治。

果园实行生草制可有效保护潜叶蛾的天敌。

113. 如何防治苹果果实害虫？

危害苹果果实的虫害主要是桃小食心虫，该

虫 1 年发生 1~3 代，以老熟幼虫在土壤中作圆茧越冬。翌年苹果落花后半月左右，幼虫开始出土。继而在地面作夏茧化蛹。该虫在麦收期间开始出现越冬代成虫，盛期在 6 月中下旬。成虫主要产卵于果实萼洼处，初孵幼虫从果实胴部蛀入果实，被害果表面出现针头大小的蛀果孔，孔外出现泪珠状汁液，汁液干后呈白色蜡状物。幼虫在果实内危害，造成纵横弯曲的虫道。虫粪留在果内，果实呈豆沙馅状。幼果被害后，生长发育不良，形成果面凹凸不平的"猴头果"。幼虫老熟后从果中脱出，7 月下旬以前脱果的幼虫，在地面作茧化蛹，继续发生下一代；8 月中旬脱果的幼虫，一部分入土作茧越冬，另一部分继续发生下一代。被害果表面大多留下圆形脱果孔。

防治桃小食心虫分为地面防治和蛀果前树上防治，虫口密度大时，在出土期树盘下施药，虫量少时仅在成虫羽化高峰期树上喷药即可，可用性诱剂做好预测预报，连续两天诱到成虫即可施药。

114. 如何正确看待传统农药的价值?

长期的应用实践证明,波尔多液、石硫合剂等传统农药具有各类新型农药不可替代的优越性,即使在同一园子长期施用也不会产生抗药性,且对环境影响小,不会造成大面积的环境污染。因此,在合理运用新型农药的同时,还应重视波尔多液、石硫合剂等传统农药的应用,充分利用其稳定的防病效果。

115. 如何防治鸟害?

随着生态环境的逐渐优化,各类鸟的数量在逐年增加,人们在欣赏鸟语花香的美好环境的同时,在果树生产中普遍地感受到鸟害难防!对苹果生产造成危害的鸟类主要是花喜鹊。该鸟天敌少,食性杂,繁殖力强,适应性广,智商高,难防除,已经成为果树生产的大害。

目前生产上的防鸟方式包括模拟天敌叫声、鞭炮等响声驱除、化学驱鸟剂、反光片、彩色驱鸟带等，但往往是开始效果还可以，鸟很快熟悉后防除效果就不理想了；有的果园干脆就用渔网将园子整个罩住，只要网不破损，防鸟效果自然很好，只是安装、卸除操作不方便。

116. 主要的生理病害有哪些？如何防治？

生产中经常出现的生理障碍主要是各类缺素症，表现比较突出的有钙失调、缺铁黄化、小叶病、硼缺乏等。

（1）**钙失调** 钙参与到几乎所有的生理活动，尤其与果实品质发育密切相关，果肉疏松、海绵状失水、水渍状、苦痘病等都与钙失调有关。在出现钙失调症状的园子，土壤中钙含量不一定很低，植株组织内含量也不一定很低，但由于细根功能差、钙吸收不利，或者树体生理机能不正常，钙在体内运输不畅，造成在根部、木质部等沉积，均会导致果实出现钙失调。如干旱、积涝、氮肥过多、黏重土壤、贫瘠沙土等果园均易出现钙失调，均与细根功能不强有关。

因此，要防止出现钙失调，首先就是加强土壤管理，全面实行生草制，强调有机肥施用及平衡施肥，避免偏施氮肥。同时，注意秋施基肥时增加钙的施用，萌芽后多次叶面喷施，坐果后至套袋前果实喷钙肥，浓度宜低，次数可略多。

（2）**缺铁黄化** 以山定子、平邑甜茶等作为砧木的，在干旱、盐碱的果园容易表现出缺铁黄化。SH系矮砧有些类型也易黄化。

防治缺铁黄化从根本上首先也是加强土壤管理，全面实行生草制，强调有机肥施用及平衡施肥，避免偏施氮肥，秋施基肥时补充铁肥。在pH较高的地区避免用山定子等不抗盐碱的砧木，出现黄叶后可以进行叶面喷肥矫治，各类水溶性铁肥均可应用。严重的可树干注射矫治。

（3）**小叶病** 土壤缺锌引发小叶病，土壤过于贫瘠、干旱的园子发生严重。

防治缺锌引起的小叶病，也是要从加强土壤管理入手，贫瘠、土层较浅的地块栽植穴（沟）要适当深挖，全面实行生草覆盖制，强调有机肥施用及平衡施肥，避免偏施氮肥，秋施基肥时补充锌肥。出现小叶病后可以进行叶面喷肥矫治，翌年萌芽期至展叶期再进行 2～3 次喷施，各类水溶性锌肥均可应用。严重的可树干注射矫治。

（4）**缺硼症** 贫瘠土壤已发生硼缺乏症状，表现为花粉活力低，坐果不良；果实肩部果皮产生小的突起。

防治缺硼症同样也要加强土壤管理，全面实行生草制，强调有机肥施用及平衡施肥，避免偏施氮肥。花期喷硼可有效提高坐果率，幼果期喷硼则可以消除果面突起。

后　记

　　《苹果生产关键技术 116 问》这本小册子，是笔者团队教师长期在生产一线进行技术培训和技术指导过程中向果农讲授的内容，多采用通俗易懂的方式介绍。按照苹果生产的主要环节加以组织整理，同时借鉴了众多同行专家的研究成果，尤其国家现代苹果产业技术体系的专家的成果，并参考了笔者多年对沈阳农业大学果树专业本科生的教学内容，在此一并致谢。由于笔者主要从事果树栽培方面的教学与科研工作，植保等方面内容研究有限，错误与不当之处，敬请读者不吝赐教。

吕德国

2016 年 8 月 31 日

于沈阳农业大学